KB064664

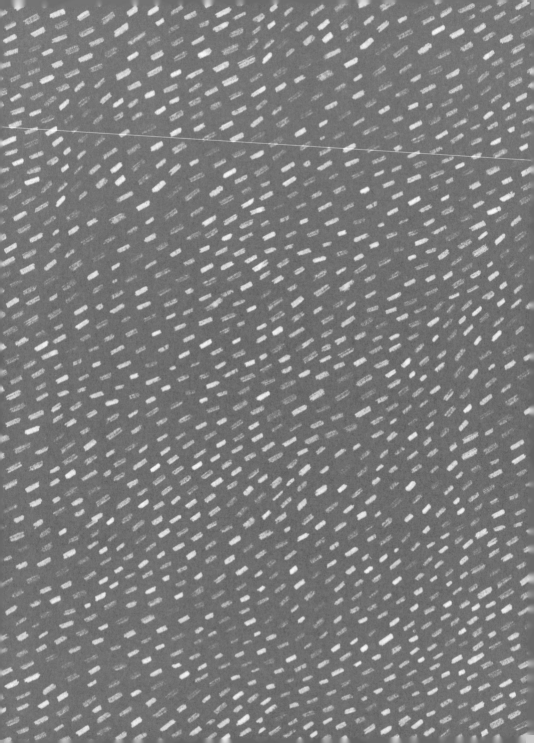

좋은 생명체로 산다는 것은

일러두기
• 본문 중 대괄호[ ]의 내용은 저자 주이며, 소괄호( )의 내용은 옮긴이 주입니다.

HOW TO BE A GOOD CREATURE

좋은 생명체로
산다는 것은

동물생태학자 사이 몽고메리와 동물들의 경이로운 교감의 기록

사이 몽고메리 글 | 레베카 그린 그림 | 이보미 옮김

더숲

'좋은 생명체로 살아가는 법'을 가르쳐준 나의 동물 친구들

검둥개 몰리와의 행복했던 어린 시절. 몰리는 운명의
방향을 정해준 현명한 멘토이자 롤모델이었다.

로드아일랜드주의 로저 윌리엄스 파크 동물원에서 만난 다정한 빈투롱.
식육목 사향고양잇과의 포유류로, 곰고양이라고도 한다.

말로 다 표현하지 못할 정도로 행복을 안겨주었던 샐리.

짧은 생의 마지막을 앞두고 옥타비아가 보여준 성숙한 암컷 문어의 모습에서
은혜로움이 느껴진다.

1만 8,000여 마리 뱀들과 보낸 즐거운 한때. 캐나다 매니토바주의 자연보호구역 '나르시스 스네이크 덴스'에서.

꿀꿀이 부처 크리스토퍼 호그우드의 어린 시절. 그의 모습을 보고 있노라면 세상의 풍족함을 음미하고 즐기는 법을 절로 깨우치게 된다.

샐리와 10년간 산책 친구였던 메이, 펄(왼쪽부터). 이후 샐리가 뇌종양으로
불안정하게 걷자 푸들 친구들은 걷다가 종종 멈춰서 뒤에 오는 샐리를
기다리곤 했다.

어린 시절 스스로를 '조랑말'이라고 선언할 만큼 말을 사랑했다. 20대가 되면서
더는 그렇게 생각하지 않았지만, 여전히 모든 말들을 사랑한다.

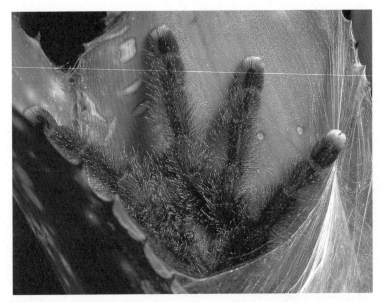

분홍색 다리 몇 개만 내밀고 거미집에 조용히 들어간 아름다운 클라라벨. 너무 작아서였을까? 아니면 너무 흔해서? 왜 그동안 거미에 대해 깊이 생각해본 적이 없었을까?

멕시코 코수멜섬 바다에서 친구이자 다이빙 강사인 도리스 모리셋과 문어를 찾는 모험을 했다.

나미비아에서 새로 사귄 친구 치타. 어미 잃은 새끼 치타는
치타보호기금 대사로 자랐다.

양치기개 혈통의 서버는 한쪽 시력은 잃었지만, 60세가 다 되어가는 내게
가르침을 주었다. '삶이 절망스러워 보여도 앞으로 무슨 일이 일어날지 아무도
모른다. 머지않아 아주 멋진 일이 벌어질 수도 있지 않겠는가?'라는 것을.

《문어의 영혼》이 발간된 후
뉴잉글랜드 수족관은 문어에게
나와 같은 '사이'라는 이름을
붙여주었다. 이후 '두 사이'는
좋은 친구가 되었다.

크로스컨트리 스키를 타는 우리를 올려다보는 샐리. 하얀 눈이 내렸던 그날,
샐리는 청각을 잃고 말았다. 준비가 안 된 내 삶이 자꾸 뒤집히는 기분이었다.

로저 윌리엄스 파크 동물원에서
만난 나무타기캥거루 홀리.

우리는 서버의 한쪽 눈이
보이지 않는다는 사실을 곧잘
잊었다. 우리 눈에는 완벽하고
온전했으며 넘치는 축복을
가져다주는 존재였다.
떠난 테스와 샐리가 그랬듯
다시 펜을 들게 해주었다.

즐거운 나의 집. 호주 아웃백에서
텐트를 치고 살던 행복한 시절.

호주 오지에서 만난 거대한 야생조류 에뮤. 처음 이들을 만났을 때는 미처
몰랐다. 사랑하는 이를 뒤로한 채 첫발을 내딛는 나의 용기에 이 새들이 백만 배로
보답해주리라는 것을.

벵골호랑이 새끼와 장난치며 즐거운 시간을 보내는 나.

아기 흑곰들은 야생으로 돌아간 후 <내셔널지오그래픽> 다큐멘터리의 주인공이
되었다.

뉴햄프셔주 피터버러 농장에서.

'진정한 골든 글로버'라고 불렸던 테스는 누구도
편애하지 않았다. 항상 모두에게 공평하게 공을
건넸다. 만약 남편과 먼저 놀았으면 한 시간 뒤 꼭
나를 불러주었다.

오하이오주에 있는 샘
마셜의 거미연구소에서
만난 타란툴라.

"나는 여전히 좋은 생명체로 살아가는 법을 배우는 중이다. 물론 노력해도 좌절할
때가 있다. 그래도 푸르른 자연세계를 탐험하며 좋은 생명체로 살아가려고
노력하는 나의 삶은 여전히 눈부시다."

차
례

들어가는 말

나는 전 세계를 돌아다니며 책의 소재가 될 동물들을 연구한다. 파푸아뉴기니 운무림에 서식하는 나무타기캥거루 관찰팀에 합류한 적도 있고, 눈표범의 자취를 찾아서 몽골 알타이산맥에도 올랐다. 아마존강돌고래를 만나겠다는 일념 하나로 피라냐와 전기뱀장어가 사는 아마존강에도 들어갔다. 이처럼 세상 곳곳을 누비면서 내 마음속에 일종의 징표처럼 품고 사는 말이 있다. '배울 준비가 되면 스승은 저절로 나타난다.' 내가 다니던 학교에도 훌륭한 스승이 많았지만[그중에서도 고등학교 때 저널리즘을 가르쳐주신 클락슨 선생님이 단연 최고였다!], 내가 스승이라 부를 만한 대상은 대부분 동물이었다.

그렇다면 동물들은 과연 내 인생에 어떤 가르침을 주었을까? 그들은 내게 좋은 생명체로 살아가는 법을 알려주었다.

태어나서 처음 본 벌레, 동남아시아에서 만났던 반달곰, 케냐에서 발견한 얼룩덜룩한 하이에나 등 이제껏 만난 동물들은 모두 좋은 피조물이었다. 각자 나름의 방식으로 경이롭고 완벽한 삶을 영위하고 있었다. 인간의 이해를 뛰어넘는 지식을 가지고 있기에 그저 곁에만 있어도 배울 점이 많았다. 예를 들어 거미는 다리로 세상을 감지하고, 새는 사람이 분별할 수 없는 색들을 본다. 귀뚜라미는 다리로 노래를 부르고 무릎으로 소리를 듣는다. 개는 청각이 인간보다 예민해서 누군가 화난 사실을 화낸 당사자보다 먼저 인지한다.

인간과 다른 종과의 교감은 우리의 영혼을 성장시킨다. 찰나의 만남이었지만 내 인생을 바꾼 동물들의 이야기를 이 책에 담았다. 내 가족이 되어준 동물들의 이야기도 있다. 우리 집에 살던 개들, 헛간에 살던 돼지, 날지 못하는 거대한 새 세 마리, 나무타기캥거루 두 마리, 거미, 족제비, 문어 등 모두 나의 소중한 가족이다.

나는 여전히 좋은 생명체로 살아가는 법을 배우는 중이다. 물론 노력해도 좌절할 때가 있다. 그래도 푸르른 자연세계를 탐험하며 좋은 생명체로 살아가려고 노력하는 나의 삶은 여전히 눈부시다. 게다가 집으로 돌아오면 다양한 종의 가족들이 야생에서 느끼지 못한 안락함과 기쁨을 선사하니 어찌 축복받은 삶이 아니겠는가!

때로는 과거로 돌아가서 어리고 불안정했던 나 자신에게 말해주고 싶다. 네 꿈은 헛되지 않았으며 지금의 슬픔은 영원한 것이 아니라고. 이 글을 읽고 있는 당신에게 이렇게 말하고 싶다. 우리를 도와줄 스승은 우리 주변에 있다고. 그들은 다리가 넷, 둘, 여덟 개일 수도 있고 아예 없을 수도 있다. 척추동물일 수도 있고 아닐 수도 있다. 우리는 그저 그들이 스승임을 인정하고 그 진리를 받아들일 준비만 하면 된다.

Sy Montgomery

1장

운명의 방향을 정해준 첫 번째 멘토
_검둥개 몰리

여느 때처럼 나는 학교에 있는 시간을 제외하면 늘 몰리와 함께 있었다. 뉴욕 브루클린 포트해밀턴 퀴터스 225번가에 위치한 장군의 저택에 잘 손질된 잔디밭이 있었는데, 스코티시 테리어 종인 몰리와 초등학생이던 나는 이곳에서 보초를 서고는 했다. 정확히 말하자면 몰리가 망을 보고, 나는 그런 몰리를 지켜보는 것에 가까웠다.

스코티시 테리어는 여우나 오소리 사냥에 적합한 품종이다. 그런 스코티(스코티시의 애칭)에게 깔끔하게 정돈된 군인의 정원은 그리 좋은 사냥터가 아니었다. 그저 작은 사냥감밖에 발견되지 않았다. 야생동물은 완벽하게 손질된 정원에 감히 발을 들이지 못했

스코티시 테리어 '몰리'

다. 그런데도 몰리는 가끔씩 다람쥐를 찾아내 쫓아가곤 했다. 우리가 사는 곳은 미군 소유의 집이라 울타리를 칠 수 없었다. 그래서 몰리를 땅속 깊이 박아둔 말뚝에 묶어놓을 수밖에 없었다. 그날도 평소처럼 몰리가 뾰족한 귀를 쫑긋거리며 촉촉한 검은 코로 주변을 탐색하고 있었다. 몰리는 보이지는 않지만 저 멀리 어딘가에서 동물들이 오가는 소리와 냄새를 감지하려 애썼다.

그런데 갑자기 몰리가 복슬복슬한 몸을 포탄처럼 웅크리더니 순식간에 45센티미터나 되는 말뚝을 뽑아버렸다. 말뚝이 목줄에 질질 끌리는데도 너무도 신난 나머지 흥분한 상태로 집 앞 주목나무 덤불로 돌진했다. 나는 몰리가 무엇을 쫓는지 금세 알 수 있었다. 바로 토끼였다!

나는 벌떡 일어섰다. 야생토끼는 난생처음이었다. 야생토끼라니, 누가 상상이나 했겠는가! 더 가까이서 보고 싶었다. 하지만 몰리가 토끼를 문 앞까지 몰아간 상태였다. 게다가 발을 옥죄는 에나멜 메리제인 구두를 신은 초등학교 2학년생의 가냘픈 두 다리는 성견인 몰리의 네 다리를 따라잡기에 역부족이었다.

스코티시 테리어의 사납고 굵은 목소리가 너무 위압적이었는지, 곧바로 엄마가 저택 관리를 돕는 사병과 함께 집 밖으로 나왔다.

어른들은 흥분한 몰리를 잡기 위해 다리를 넓게 벌리고 진을 쳤다. 물론 몰리는 잡히지 않았다. 때마침 목줄마저 풀리자 몰리는 말뚝을 떨쳐내고 달려 나갔다. 아무도 몰리를 막을 수 없었다. 몰리는 토끼를 잡든 놓치든 간에 어두컴컴해질 때까지 몇 시간이고 밖을 배회할 것이다. 그리고 충분히 시간을 보냈다 싶으면 그제야 집에 돌아와 짧게 컹컹대며 문을 열어달라는 신호를 보낼 것이다.

나도 몰리를 쫓아가고 싶었다. 몰리를 막으려는 게 아니라 함께 가고 싶었다. 토끼도 다시 보고, 바깥세상의 밤공기도 느껴보고 싶었다. 다른 개들을 만나서 함께 뒹굴며 뛰놀고, 구덩이에 코를 대고 누가 사는지 냄새도 맡아보고, 흙속에 어떤 보물이 감춰져 있는지 탐험해보고 싶었다.

보통 여동생들은 언니를 숭배하기 마련이다. 다만 내 경우에 언니는 바로 몰리였다. 엄마가 입혀주는 대로 얌전히 프릴원피스와 레이스양말을 신던 나는 맹렬하고 야생적이며 누구도 막을 수 없는 몰리를 닮고 싶었다. 그 모습 그대로 말이다.

엄마는 내가 결코 '평범한' 아이가 아니었다고 말했다.

이를 방증하듯 엄마는 동물원에 나를 처음 데려갔던 이야기를 꺼냈다. 이제 막 걷기 시작한 아이가 어딜 그렇게 가고 싶었는지, 엄마아빠의 손을 뿌리치고 아장아장 걸어 들어간 곳이 하필 동물원에서 가장 몸집이 크고 위험한 하마의 우리였다! 본성대로라면 하마는 1,500킬로그램짜리 덩치로 나를 짓밟거나 물어서 반 토막 냈어야 했다. 그런데 하마는 착하게도 나를 쳐다보기만 했나 보다. 내가 무사했던 것을 보면. 엄마는 아직도 그때만 생각하면 몸서리가 쳐진다고 했다.

그리고 보면 어렸을 때부터 나는 항상 동물에게 끌렸다. 친구, 어른, 인형보다 동물이 훨씬 좋았다. 키우던 금붕어인 골디와 블래키를 관찰하길 좋아했고, 사랑을 듬뿍 주었던 거북이 미즈 옐로 아이즈와 노는 게 행복했다[엄마의 고향인 남부에서는 페미니즘 운동 훨씬 이전부터 결혼 여부와 상관없이 '미즈'를 쓰는 관습이 있었다고 한다]. 미즈 옐로 아이즈는 1950년대 대부분의 애완용 거북이들처럼 제대로 된 먹이를 먹지 못한 탓에 등껍질이 얇아져서 그만 죽고 말았다. 엄마는 나를 위로하려고 아기인형을 사주었지만, 내 반응은 시큰둥했다. 그런데 아빠가 남미 출장을 다녀오면서 박제한 새끼 카이만 악어(안경카이만은 온순해서 애완용으로 기르기도 한다)를 사오자 악어에게 인형옷을 입히고 장난감 유모차에 태워 이리저리 끌고 다니는 등 난리도 아니었다고 한다.

　나는 외동이었지만 한 번도 형제를 바란 적이 없었다. 또래가 필요하다는 생각 자체를 한 적이 없었다. 애들은 시끄럽고 부산스러우며, 가만히 앉아서 꿀벌을 관찰할 만큼 인내심이 많은 존재가 아니었다. 거리를 활보하는 비둘기 떼에게 달려들어 흩어지게 하는 장난을 좋아할 뿐이었다.

　어른이라는 존재도 마찬가지였다. 드물게 예외적인 경우를 제외하고는 딱히 기억에 남을 만큼 인상적인 어른은 없었다. 엄마나 아빠가 어떤 어른이 키우는 반려동물을 귀띔해주지 않으면 나는 여러 번 만난 상대라도 기억하지 못하고 멍하니 바라보기만 했다. 예를 들면, "브랜디 주인이야"라고 알려줘야만 그제야 기억이 났다. 브랜디는 붉은 장모를 가진 미니어처 닥스훈트인데 어른들이 늦게까지 만찬을 즐기는 날에는 항상 내 침대로 파고들었다. 그런데 브랜디 주인의 얼굴이나 이름은 전혀 기억나지 않는다.

　반려동물을 키우지 않는 어른은 좋아한 적이 별로 없지만, 잭 삼촌은 예외였다. 진짜 삼촌은 아니고 우리 아빠의 지인으로 직급은 대령이었다. 잭 삼촌이 얼룩무늬 조랑말을 그려주면 나는 정성껏 무늬를 색칠했고, 아빠랑 삼촌은 옆에서 체스를 두었다.

내 언어능력이 충분히 발달했을 무렵, 나는 부모님에게 나 자신이 말이라고 선언했다. 그러고는 머리를 흔들고 '히이잉' 울면서 집 주변을 뛰어다녔다. 아빠는 결국 나를 '조랑말'이라고 부르는데 동의했지만, 사람들의 이목을 중시했던 고상한 우리 엄마는 걱정이 이만저만이 아니었다. 얌전하고 분별력 있는 소녀로 자라길 바랐지만, 안타깝게도 혹시 당신 딸이 '뒤떨어진' 아이는 아닐까 노심초사해야만 했다.

소아과 전문 군의관은 '조랑말 단계'는 언젠가 지나간다며 엄마를 안심시켰다. 군의관의 말처럼 정말로 조랑말 단계는 지나갔다. 다만, 곧이어 내가 개라는 사실을 밝혔을 뿐이다.

내가 봤을 때 문제가 될 만한 것은 하나밖에 없었다. 부모님과 어른들이 내게 본인들이 생각하는 여자아이가 되는 법만 가르치고 개가 되는 법은 알려주지 않았다는 것이다. 만 세 살이 되어 몰리를 만나고 나서야 비로소 어린 나의 평생 소망이 실현되었다.

"스코티시 테리어 강아지는 용감하고 활달해요", 애견분양 웹사이트에 쓰여 있는 문구다. 그리고 "활동적이고 고집이 센 편"이라고 한다. 스코티의 강인하고 독립적인 성격이 어릴 때부터 확연하게 드러나는 것이다. 스코틀랜드에서 가축을 해치는 야생동물을 쫓기 위해 개량한 이 작은 검둥개는 하일랜드의 전사다. 여우와 오소리를 진압할 정도로 강하고 용감하며, 주인의 지시 없이도 침입자보다 한 수 앞서 독립적으로 움직일 만큼 영리하다.

작가이자 평론가인 도로시 파커는 스코티를 다음과 같이 묘사했다. "두 발로 서면 25센티미터를 겨우 넘고 몸무게는 9킬로그램 남짓한 몸집으로 소형견의 조밀함과 대형견의 장점을 모두 갖췄다. 자동차에 치이는 것만이 유일한 위협이라는 말이 있을 정도로 튼튼하다. 이때마저도 운전자는 자신이 개와 전투를 치렀다고 느낄 것이다."

어린 스코티는 마치 스테로이드를 복용해서 무적이 되어버린 두 살배기 악동과도 같았다. 어린 시절 우리는 내내 붙어 다녔어도 몰리는 나와 정반대로 강인하고 혈기왕성했다.

만 두 살이 될 무렵 우리 가족은 내가 태어난 독일을 떠나 미국으로 돌아왔다. 그리고 시련이 몰아쳤다. 유모가 있던 독일과 달리 미국에 오자 육아는 온전히 엄마 몫이 되었다. 엄마가 나중에 말하길, 어린 시절 나는 감염성단핵증(바이러스에 의한 급성 감염증으로 발열, 인두통, 두통, 관절통 등의 증상이 나타난다)을 앓았다고 한다. 이상하게도 유아기에는 좀처럼 발병하지 않는 병인데 말이다. 당시 고모는 엄마의 말을 믿지 않았다. 세월이 흐른 뒤 내가 직접 군 의료 기록을 확인해보니, 역시 그런 진단 내역은 없었다. 당시 고모는 누군가 어린 나를 반복해서 심하게 흔들거나 짓누른 것이 틀림없다고 굳게 믿었다. 사실 내가 자주 울기는 했다. 십대가 되어서도 칵테일 시간을 방해할 정도로 자주 울었다고 엄마는 아직도 친구들한테 불평한다. 엄마는 하루 중 늦은 오후에 마티니 한 잔 마시는 순간을 가장 사랑했다. 아빠는 멀리 나가고 징징대는 아기랑 둘만 남겨진 상황에서 한 잔의 칵테일 시간은 외로움을 달랠 유일한 수단이었을 것이다.

내게 무슨 일이 있었는지 모르겠지만, 몇 개월이 지나자 나는 놀지도 말하지도 않았다. 음식도 거부했다. 만 세 살이 되어도 몸은 전혀 자라지 않았다.

부모님은 나 때문에 몹시 힘들어했다. 엄마는 밥을 다 먹어야만 바닥에 그려진 동물을 볼 수 있는 밥그릇을 사는가 하면, 토스트를 동물 모양 쿠키틀로 찍어주었다. 아빠는 밀크셰이크에 날달걀

을 몰래 풀어서 내게 주었다. 그래도 내 건강에 차도가 없자 자포
자기 심정으로 강아지 입양을 생각한 듯하다.

오늘날에도 애견 훈련사나 부모교육 상담사는 우리 부모님과 같
은 이유로 반려동물 입양을 반대한다. 애견 훈련사는 스코티가 훌
륭한 견종이기는 하지만 어린이와는 잘 맞지 않는다고 주장한다.
어린이들이 실수로 개의 발이나 꼬리를 밟을 경우 스코티는 참지
못하고 물어버리기 때문이다. 스코티의 턱과 이빨은 중형견인 에
어데일 테리어만큼 크다. 다른 견종에 비해 충성스럽기로 정평이
나 있지만, 테리어 중에 가장 사납기로도 유명하다. 게다가 요즘
전문가들은 아무리 유순하고 참을성이 많은 견종이라도 아이가
만 예닐곱 살이 되기 전까지 개를 키우지 말라고 권한다.

그러나 당시에는 아무도 이 사실을 몰랐고, 화려한 외모의 쿠바
망명자 출신인 그레이스 이모는 소중히 기르던 강아지 세 마리 중
한 마리를 내게 주었다.

그레이스 이모는 진짜 내 이모가 아니었고, 이모부라고 불렀던
이모의 남편도 진짜 내 이모부가 아니었다. 클라이드 이모부는 아
빠의 친한 친구였지만, 그레이스 이모는 우리 엄마와 라이벌 관계
였다. 허리까지 내려오는 검은 머리를 우아하게 틀어올린 그레이

스 이모는 허벅지가 드러나게 옆이 트이고 가슴이 깊게 파인 맞춤 드레스를 입었다. 게다가 검은색 아이라이너에 붉은색 립스틱을 바르고, 높은 구두를 신었다. 엄마는 이모가 돋보이는 걸 좋아한다고 말했다. 한번은 내게 물었다. "그레이스 이모가 강아지들 예방접종을 하러 동물병원에 갔는데 무슨 색 원피스를 입었는지 아니?"

"검은색이요?" 나는 이렇게 답했다. 나라면 가족끼리 최대한 비슷해 보이고 싶었을 것이다. 그러자 엄마가 말했다. "아니, 바로 흰색이야!" 뭐, 흰색이면 강아지들이 더 돋보이긴 했을 것이다.

아마 그때 예방접종을 맞은 지 얼마 안 되어서 몰리가 우리 집에 왔던 것 같다.

몰리와의 첫 만남은 내 짧은 인생에서 가장 아름다운 날이었을 것이다. 그런데 안타깝게도 내가 아파서였는지 아니면 너무 어렸던 탓인지 내 인생을 바꾼 그 순간이 잘 기억나지 않는다. 하지만 몰리가 우리 집에 온 효과는 금세 드러났다.

몰리가 우리 집에 온 지 얼마 안 되었을 때 부모님은 나와 몰리가 함께 있는 사진을 찍어주었다. 엄마는 그 흑백사진을 크리스마스카드로 만들어서 주변 지인들에게 보냈다. 내가 만 네 살이 되

기 두 달 전이었다. 사진 속의 내가 짧은 소매를 입은 것을 보면
여름에 찍은 것이 분명한데 벽난로에 크리스마스 양말이 걸려 있
고 바닥에 춤추는 산타인형이 놓여 있다. 매년 엄마가 만드는 크
리스마스카드가 그렇듯 이번 사진도 설정샷이었다. 하지만 몰리
와 나의 상기된 표정만은 진짜였다.

"몰리가 또 아빠 양말을 가져갔어요!"

여느 강아지처럼 몰리도 물건 훔치기를 좋아했다. 특히 아빠가
정복을 입을 때 맞춰 신는 검은색 정장양말을 좋아했다. 몰리가
아빠의 양말을 가져가면 나는 신나서 집 안의 모든 사람에게 외쳤
다. 고자질이 아니라 이후 펼쳐질 진풍경을 예고하려는 것이었다.
아빠도 워낙 개를 좋아해서 매번 이 놀이를 재미있어했다. 몰리는
빨래바구니나 신발코 속에서 찾아낸 양말을 물고 거실로 돌진했
다. 그리고 사납게 으르렁대며 무언가에 홀린 듯 신명나게 양말을
흔들어댔다. 결국 발목 부분이 찢어질 때까지 물어뜯고 나서야 겨
우 양말을 내려놓았다.

몰리는 어린 강아지답지 않게 물건을 질겅질겅 씹는 게 아니라

나는 저 바깥세상에
생동감 넘치고 푸르름이
살아 숨 쉬는 세계가 있음을
알고 있었다. 새와 곤충,
거북이와 물고기, 토끼와 사슴이
복작이며 바쁘게 살아가는
그런 세상 말이다.

완전히 작살내버렸다. 개껌도 물론 좋아했지만 아빠 양말을 물 때면 완전히 사냥꾼 같았다. 내가 아는 한 몰리는 실제 동물을 죽인 적은 없었다. 그러나 물건을 씹는 것은 나름 물건을 살아 있는 생물이라 상상하고 사냥해 죽이는 행위로 보였다.

몰리는 공 터뜨리기도 좋아했다. 작은 공에는 별로 관심이 없었고, 던져도 물어오지 않았다. 축구공, 킥볼, 피구공 등 공기를 빵빵하게 채워 넣은 큼직한 공들을 좋아했다. 그래서 종종 아침 일찍부터 목줄을 채워서 군부대 테니스장으로 산책을 나갔다. 어른들이 코트를 차지하기 전에 몰리가 공놀이를 할 수 있도록 말이다.

나는 몰리가 코끝으로 공을 몰며 정신없이 코트를 누비는 모습을 지켜보았다. 목 깊은 곳에서 울려 나오는 으르렁 소리가 내 가슴까지 울렸다. 코끝에서 계속 공을 놓치다가도 결국에는 코너에 몰아넣고는 날카로운 송곳니로 펑 터뜨려버렸다. 강한 턱뼈를 벌리고 입안에 완전히 들어갈 정도로 공이 납작해지면 너덜너덜해질 때까지 물고 흔들었다. 그렇게 누더기가 된 공을 항상 내가 집어서 살펴보게 했다. 꼭 누군가 송곳으로 마구 찌른 듯했다. 강아지의 그 작은 입으로 큰 공을 이렇게 만들다니. 나는 몰리가 진심 어린 존경을 받아 마땅한 강인한 존재라는 사실을 애초에 알아챘다.

군부대 사람들도 몰리의 진가를 알아보았다. 몰리가 좀 더 커서 말뚝에 매어두기 힘들어지자 혼자 밤산책을 나가는 일이 잦아졌다. 그러면서 군부대 안에 몰리를 알아보는 사람들도 늘었다. 한번은 밤중에 여군지원부대(여군과 남군은 1978년 이후에 통합되었다)를 지나간 모양이었다. 그다음 날 들은 이야기인데, 마침 다들 밖에 나와 있어서 몰리가 산책하는 것을 보았다고 한다. 여군들은 몰리가 쿵쿵대며 그녀들을 탐색할 수 있도록 한 줄로 서서 기다려주었다. 그리고 몰리가 가던 길을 다시 떠나자 거수경례를 했다고 한다.

사실 이야기가 와전되었을 수도 있고, 단지 장군이 기르는 개라서 경례를 했을지도 모른다. 그런데 혹시 이 강인하고 용감한 여성들이 작은 암캉아지의 독립심과 투지를 보고 존경심을 표한 것은 아니었을까? 19세기 스코틀랜드군 사령관인 조지 더글러스 소장도 스코티의 자질을 알아보았다. 덤버턴 백작이라고도 불렸던 그는 스코티시 테리어 몇 마리를 키웠는데 이들에게 '다이하드'라는 별명을 붙여주었다. 여기서 영감을 얻은 그는 가장 아끼던 부대인 '로열 스코트'를 '덤버턴의 다이하드'라고 불렀다.

몰리는 전형적인 스코티답게 자립성을 타고난 덕에 사람의 명령을 필요로 하지 않았다. 특히 밤나들이 중에는 아무리 불러도 돌

아오지 않았다. 그러다 부모님이 한 가지 요령을 알아냈는데 현관
전등불을 껐다 켰다 하면서 '이제 그만 돌아오지 않겠니?'라는 신
호를 보내는 것이었다. 이것은 명령이 아니라 제안에 가까웠다.
아빠는 전등불이 신호등과 비슷하다고 느꼈다. 신호등의 빨간불
이 멈추라는 '제안'일 뿐이라고 생각했기 때문이다. 몰리 역시 우
리의 신호가 제안이라고 느껴질 경우에만 집으로 돌아왔다.

　난 그런 몰리의 행동이 전혀 거슬리지 않았다. 몰리가 내게 복
종해야 한다고 생각하지 않았기 때문이다. 왜 그래야 하는가? 내
가 만 다섯 살이 되었을 때 몰리는 겨우 두 살이었지만 이미 다 자
란 성견이었다. 난 몰리를 내 윗사람으로 여겼고, 내 롤모델로 삼
았다. 내가 정립한 우리 관계가 다른 사람에게 인정받지 못할 거
라는 생각은 미처 하지 못했다. 엄마가 우리 둘을 길들이려고 손
쓰기 전까지는 말이다.

✳

　스코티는 성격이 독립적이고 완강해서 특별한 견종으로 여겨지
지만, 이 때문에 훈련하기 힘들기도 하다. 한 애견훈련 웹사이트
는 스코티가 타고난 성격으로 인해 "복종을 선택의 문제로 생각하

는 경향이 있다"고 설명했다.

몰리는 장난감과 옷가지를 망가뜨리며 마음껏 뛰어다녔다. 그런데 믿기 힘들겠지만 우리의 화려한 그레이스 이모는 자신이 기르는 스코티들에게 기도를 하고 피아노를 치도록 훈련시켰다.

이모는 땅딸막한 검은색 유아용 장난감 피아노를 샀는데, 만화 〈스누피와 피너츠〉의 슈뢰더가 치는 것과 똑같았다. 이모는 몰리의 남동생인 맥을 거실로 부른 후 야심차게 명령했다. "피아노 치자!" 그러면 피아노 앞에 앉은 맥이 앞발을 번갈아 내밀며 플라스틱 건반을 누르기 시작했다. 당시 피아노를 배우던 나도 못하는 양손연주를 맥이 해내는 걸 보고 깜짝 놀랐다.

이모의 스코티들은 신앙심마저 갖추어서 초대한 손님마다 감탄을 금치 못했다. 이모는 연푸른 덮개를 씌운 스툴을 스코티들의 식탁으로 사용했고, 여기에 어울리는 파란색 식탁보와 접시 두 세트를 놓았다. 이모가 번쩍거리는 알루미늄 그릇에 음식을 듬뿍 담아 가져오면, 맥과 맥의 어미 개인 지니는 나란히 앉아서 기다렸다. 이모는 그릇을 내려놓고 명령했다. "기도하자!" 그러면 스코티들은 식탁 가장자리에 앞발을 올리고 고개를 숙인 다음 코끝을 앞발 아래에 쑥 집어넣었다.

스코티들은 이모가 먹어도 된다는 신호를 보낼 때까지 기도자세를 유지했다. 이 모습은 상당히 인상적이었다. 군대 상류사회에서는 동료에게 강한 인상을 심어주는 것이 매우 중요하다. 엄마는 비록 애견 훈련사는 아니었지만[엄마는 아칸소주에 살던 어린 시절에 플립이라는 작은 믹스견을 키웠는데 슬프게도 차에 치여 죽고 말았다] 봉제 솜씨만은 매우 뛰어났다. 그래서 화려한 라이벌을 이기기 위한 작전에 착수했다. 우리 개를 사람처럼 행동하게 할 수는 없지만 적어도 사람처럼 보이도록 옷을 입히기로 작정한 것이다.

스코티는 굵고 뻣뻣한 털 덕분에 각종 기후에 잘 견딘다. 그런데도 엄마는 몰리에게 작은 코트를 만들어주었다. 심지어 여름용과 겨울용 코트가 따로 있었다. 적어도 타탄체크 무늬였으면 어울리기라도 했을 텐데 엄마는 몰리가 여자라서 그에 걸맞은 복장을 해야 한다며 파스텔색 옷을 만들었다. 옷 다음은 가구였다. 이모네 거실에는 맥의 피아노가 있었기 때문에 엄마는 이에 질세라 몰리에게 캐노피가 달린 침대를 사주었다. 부엌과 거실 중간에 침대를 설치하고, 베개와 이불은 물론 사방에 주름이 달린 붉은 새틴 캐노피까지 만들어주었다.

내 옷에도 주름장식이 점점 많아졌다. 항상 나를 얌전한 소녀의

모습으로 만들고 싶어 한 엄마의 열정 때문이었다. 브루클린 사립
학교 여학생들은 아무도 바지를 입지 않았다. 나도 5학년이 되어
공립학교에 들어가기 전까지 그 흔한 청바지 한 벌도 없었다. 심
지어 옷을 더럽히지 말라는 말을 너무 많이 들어서 유치원 미술시
간에 미술가운을 입고도 손가락에 물감 묻히기를 거부했을 정도
였다. 훗날 엄마는 이 일화를 매우 자랑스레 이야기했다.

　엄마는 검은 몸체에 금장 무늬가 있는 재봉틀로 예쁜 드레스를
본떠 내 옷을 만들었는데 대부분 엄마 옷과 세트였다. 그중 최고
로 꼽히는 걸작은 초등학교 연극무대에서 입은 의상이었다. 나는
반에서 제일 작다는 이유만으로 양치기 소녀 역을 맡았다. 레이스
가 달린 의상은 온통 분홍색과 흰색이었고, 수가 놓인 보닛 모자
와 세트였다. 의상이 어찌나 화려했던지 내가 무대에 오르자 온
관객이 숨을 죽이고 나를 바라보았다.

　이처럼 엄마는 내가 사랑스러운 소녀가 되길 바랐지만, 나는
'개다움'을 숭배했다. 특히 몰리의 초자연적인 힘에 도취되어 있
었다. 몰리는 아빠 부하의 차가 대문을 들어서기 전부터 오는 것
을 알아챘고, 엄마가 강아지용 캔사료를 냉장고에서 꺼내드는 순
간 바로 냄새를 감지했다. 그리고 어둠 속에서도 모든 것을 볼 수

있었다.

　나도 몰리 같은 초능력을 가질 수 있을까? 그것이 참 궁금했다. 텔레비전에 나오는 만화 주인공들은 '꼬마유령 캐스퍼'처럼 벽을 통과하고, SF만화 〈스페이스 엔젤〉처럼 우주선을 타고 날아다녔다. 그런 초인적인 능력을 가진 존재가 바로 내 옆에 있다니! 어린 나는 몰리의 조수가 되리라 결심했다.

　나는 얼굴의 점 하나 놓치지 않겠다는 열정으로 몰리의 몸 구석구석을 탐색했다. 기다란 분홍색 혀에 난 깔깔한 돌기부터 배변할 때 몸을 웅크리면 꽃처럼 피어나는 항문까지 참 자세히도 관찰했다. 귀를 쫑긋거리거나 접는 행동은 물론이고, 고무처럼 말랑말랑한 코를 찡긋거리거나 위로 치켜올리는 작은 몸짓 하나하나까지 놓치지 않고 지켜보았다. 몰리는 모든 행동이 완벽했다.

　몰리는 나와 다른 부분이 수두룩했다. 콧구멍만 봐도 나는 그냥 동그란 구멍인데 몰리는 쉼표 모양이었다. 귀도 내 것처럼 고정되지 않고 자유자재로 움직였다. 게다가 그 안에는 신비로운 연골들이 가득했다. 나는 이 정도 차이는 극복할 수 있다고, 언젠가는 몰리와 똑같아지리라고 믿었다. 몰리에게 개처럼 되는 비결만 배우면 될 일이었다. 아직도 바닥에 팔을 괴고 엎드려서 몰리의 자는 얼굴을 몇 시간이고 바라본 일이 기억난다. 몰리의 냄새와 숨결 그리고 꿈까지 공유하고 싶었다.

나는 몰리와 함께 집을 떠나는 상상을 했다. 이 상상은 수년에 걸쳐 구체화되었다. 우리는 숲속에 살 것이다. 맑은 시냇물을 마시고, 숲에서 먹을 것을 찾고, 속이 빈 나무 안에 몸을 누일 것이다. 숲속 모든 동물이 우리를 알고, 우리도 그들을 알 것이다. 우리는 하루 종일 세상을 바라보고, 코를 벌름거리며 냄새를 맡고, 땅을 파헤치며 탐험할 것이다. 몰리는 내게 세상을 알려줄 것이다. 군부대, 학교, 아스팔트, 벽돌, 콘크리트를 벗어난 진짜 세상을 말이다. 몰리만 내 곁에 있다면, 야생동물들의 비결도 배울 수 있을 것이다.

우리 가족은 군부대에서 살다가 나중에는 따분한 교외에서 살았지만, 나는 저 바깥세상에 생동감 넘치고 푸르름이 살아 숨 쉬는 세계가 있음을 알고 있었다. 새와 곤충, 거북이와 물고기, 토끼와 사슴이 복작이며 바쁘게 살아가는 그런 세상 말이다. 〈동물의 왕국〉과 같은 텔레비전 프로그램과 책을 보고 이런 세상이 있다는 것을 알았다. 하지만 실제로 그것을 믿게 된 것은 몰리가 이 세상을 감지하기 때문이었다. 내가 그리는 진짜 세상은 평범한 인간의

감각적 한계를 넘어서는 세계였다. 지금은 어쩔 수 없지만 언젠가
는 몰리와 함께 이곳을 탈출해서 그 세상으로 가리란 것을 알았다.
몰리가 나와 동물의 힘을 공유할 수 있는 야생의 세계로 말이다.

2장

유대감을 쌓는다는 것
_거대한 새 에뮤

　　　　　　　　　　호주 아웃백 어딘가에서 마른 겨
울나무와 바람을 벗 삼아 홀로 앉아 있었다. 그곳에는 지표를 낮
게 덮는, 가시 돋친 지피식물이 바다처럼 펼쳐져 있었다. 갑자기
누군가의 기척이 느껴졌다.

　당시 27세였던 나는 집으로부터 지구 반 바퀴 떨어진 곳에 있었
다. 대학 졸업 이후 뉴저지의 한 신문사에서 환경과학 전문기자로
5년간 일하다가 대학생들의 식물학 연구에 필요한 샘플을 채집하
러 다니던 시기였다.

　나이프로 줄기를 서걱서걱 자르는 소리를 빼고는 작은 유칼립투
스속 말리나무와 덤불 사이를 스치는 바람 소리밖에 들리지 않았

세 마리의 에뮤 '검은 머리, 민숭민숭한 목, 나자빠진 다리'

다. 한창 집중하고 있는데 갑자기 정신을 흐트러뜨리는 무언가가 나타났다. 고개를 들어보니 5미터도 채 떨어지지 않은 곳에 사람 키만 한 거대한 새 세 마리가 갈색 풀밭을 유유히 거닐고 있었다.

바로 에뮤였다. 날지 못하는 새인 에뮤는 보통 키 180센티미터에 무게는 35킬로그램에 달한다. 캥거루와 더불어 호주의 국가 문장에 등장할 정도로 상징성 있는 동물이다. 에뮤는 반은 새이고 반은 포유동물처럼 보이며, 공룡의 면모도 살짝 엿보인다. 둥근 몸통에 머리카락처럼 수북한 깃털은 하나의 깃촉에 두 개의 깃대가 자라는 구조다. 검은 목이 몸통에서 길게 솟아 있으며, 부리는 거위처럼 생겼다. 날개는 몸통 옆에 생기다 만 것처럼 삐죽 나와 있다. 반면 다리의 힘이 매우 강해서 시속 65킬로미터로 달릴 수 있는 데다 발차기 한 번으로 철사울타리를 끊어놓거나 상대방의 목을 부러뜨릴 수도 있다.

나는 에뮤를 보자마자 머리 꼭대기부터 등줄기를 타고 전율이 흘렀다. 이 거대한 야생동물을 이처럼 가까이에서 본 것은 처음이었다. 더군다나 이런 외지에서 말이다. 에뮤의 눈부신 모습에 두려움마저 잊었다. 거대한 공룡발톱을 구부리며 비늘이 덮인 길쭉한 다리를 들었다 내려놓을 때 느껴지는 우아함, 힘, 기묘함에 압도되어 손가락 하나 까닥할 수 없었다. 그들은 발레리나처럼 S자로 우아하게 목을 구부려서 풀밭을 콕콕 쪼아대다가 내 옆을 스쳐서 저 멀리 산등성이로 걸어갔다. 건초더미처럼 생긴 몸통이 둥근 갈색 덤불과 뒤섞여 구분할 수 없게 되더니 어느새 사라졌다.

에뮤가 떠나자 그제야 정신이 번쩍 들었다. 그렇게 외진 곳에서 야생의 삶을 직접 대면한 것은 난생처음이었다. 이때만 해도 몰랐다. 이 거대한 야생조류들이 나로 하여금 몰리가 가르쳐준 운명을 걷게 할 것이며, 사랑하는 이를 남겨두고 첫발을 내딛는 용기에 백만 배로 보답해주리라는 것을 말이다.

미국을 떠나기로 결정했을 때 모두가 내게 미쳤다고 했다. 엄마는 기겁했고, 아빠는 이번 결정으로 내 역마살이 잠잠해질 거라며 엄마를 안심시켰다. 보수 좋은 직장도 그만두었다. 대학에서 저널리즘을 공부할 때부터 희망했던 대로 기자가 되었고, 신참 때부터 마을 아홉 곳을 담당했다. 대학에서 저널리즘, 프랑스어, 심리학 등 세 개 학과를 전공했는데, 졸업한 지 1년 만에 과학·환경·의학 기사를 취재하게 되었다. 그것도 환경문제가 심각하고, 다른 주보다 1인당 과학자와 엔지니어 수가 많기로 유명한 지역에서 말이다.

나는 하루 열네 시간 일하고 주말에도 종종 근무하면서도 여전히 일이 고팠다. 이렇게 열심히 일한 대가는 보너스, 봉급인상 그리고 자유였다. 능력 있는 편집장, 똑똑한 동료들, 좋은 친구들에게 둘러싸여 지냈으며, 숲속의 작은 오두막집에서 페럿 다섯 마리, 모란앵무 두 마리 그리고 사랑하는 남자와 함께 살았다. 대학에서 만난 남자친구인 하워드 맨스필드는 촉망받는 작가였다[지금은 남편이다]. 나는 행복했다.

그러다가 내 삶을 송두리째 바꿔놓은 선물 같은 기회가 찾아왔다. 신문사에 근무한 지 5년차 되는 해였다. 나의 영원한 영웅인 아빠는 당시 군대에서 은퇴했는데 어느 날 내게 호주로 가는 비행기 티켓을 건넸다. 항상 꿈꿔왔던 곳이었다. 세상으로부터 고립된 지형이 빚어낸 생태환경은 그야말로 상상을 초월했다. 영양과 사슴이 네발로 총총 뛰어다니는 대신, 캥거루가 배 주머니에 새끼를 품고 두 발로 껑충껑충 뛰어다니는 장면이 펼쳐졌다. 온몸이 가시로 뒤덮인 가시두더지는 포유동물이면서 알을 낳고, 긴 채찍 같은 끈끈한 혀로 개미를 핥아먹는다. 비버의 꼬리와 오리의 주둥이를

가진 오리너구리는 물갈퀴발 뒤꿈치에 달린 독가시로 자신을 방
어한다.

　나는 동물을 바라보는 수준에서 만족할 수 없었다. 동물에 관
해 더 많이 알고 싶었고, 나아가 내게 가르침을 준 존재들에게 도
움을 주고 싶었다. 그래서 전 세계에서 과학·환경보호 프로젝트
에 비전문가를 고용하는 단체를 찾아냈다. 매사추세츠에 기반을
둔 비영리단체 어스워치Earthwatch에서는 '시민 참여형 과학탐험' 프
로그램을 진행하고 있었다. 일하는 시간도 일반 직장과 똑같았고,
한 프로그램당 참여 기간도 몇 주밖에 되지 않았다. 나는 사우스
오스트레일리아주에서 진행되는 프로젝트에 지원했다. 시카고 브
룩필드 동물원 소속 보존생물학자인 패멀라 파커 박사를 도와서
멸종위기에 처한 브룩필드 동물보호구역의 남방콧등털웜뱃(또는
남방털코웜뱃)을 연구하는 일이었다. 사우스 오스트레일리아주의 주
도인 애들레이드에서 차로 두 시간 걸리는 거리에 있었다.

　웜뱃을 만나기는 쉽지 않았다. 겉모습은 코알라를 닮았는데 나
무가 아니라 굴에 서식한다. 단단한 땅에 너른 굴을 파서 집을 만
들고 워낙 부끄러움이 많아서 대부분의 시간을 굴속에서 보낸다.
그래도 오후가 되면 굴 위로 올라와 일광욕하는 모습을 멀리서나

마 지켜볼 수 있다. 우리는 한 번씩 웜뱃을 포획해서 크기를 측정
했다. 개체수를 파악하기 위해 서식지를 조사하고, 웜뱃굴 분포
현황을 파악해서 지도를 작성하고, 직육면체 형태의 메마른 똥의
개수를 셌다. 캥거루는 거의 매일 만났는데 정말이지 볼 때마다
놀라움의 연속이었다.

내게는 이곳의 모든 생물이 신세계였다. 밤이 되면 가끔 텐트로
놀러오는 늑대거미하며, 메마른 붉은 토양에서 끈질기게 살아남
은 아카시아나무까지 모든 것이 새로웠다. 우리는 유칼립투스 향
이 퍼지는 모닥불에 저녁밥을 해 먹었고, 나무가 우거진 그늘 아
래 텐트를 치고 잤다. 아침이 되면 떠오르는 햇살이 회색과 분홍
색 몸통의 앵무새(갈라) 무리와 어우러져 줄무늬를 만들었다. 어릴
때부터 소중히 간직해온 꿈이 바로 이곳에 있었다. 야생에 살면서
비밀스러운 동물세계를 탐험하겠다는 꿈 말이다.

내가 꽤나 성실하고 열심히 일했는지, 계약 기간인 2주가 지나
미국으로 돌아갈 시기가 다가오자 파커 박사가 한 가지 제안을 했
다. 사실 연구소는 나를 연구조교로 고용하기에는 힘든 상황이었
다. 그렇다고 내가 집으로 돌아가 버리면 호주로 다시 불러들일
항공료를 지불할 여유도 없었다. 대신 내가 브룩필드 동물보호구

역에서 어떤 동물에 대해서나 독자적으로 연구할 의사가 있다면 박사의 야영지에 얼마든지 머물러도 좋다고 했다. 물론 음식도 제공되고 말이다.

일단 나는 집으로 돌아왔다. 직장에 사표를 내고 아웃백의 야영지로 거처를 옮기기 위해서였다.

야생 숲에 살겠다는 어릴 적 꿈과 호주 말리나무숲으로 이사하는 일에는 큰 차이점이 있었다. 어릴 때는 나를 인도해주는 멘토가 있었다. 물론 몰리는 오래전에 하늘나라로 떠났다. 내가 고등학교 1학년 때 붉은 캐노피 침대에서 편안히 잠든 채 무지개다리를 건넜다. 고독하고, 혼란스럽고, 미숙한 인간인 주제에 미지의 동물세계에 발 들이려는 나를 이제는 누가 인도해줄까?

난 무엇을 연구할지 갈피를 잡지 못했다. 그래서 일단 다른 연구원을 보조하는 일부터 시작했다. 에뮤를 처음 본 날도 한 대학원생을 도와 식물 샘플을 채집하던 중이었다. 보통 야영지 한 곳당 여섯 명의 연구원이 머물렀다.

한번은 외래종 여우의 흔적을 쫓는 여성 연구원을 보조한 적이

있다. 우리는 보호구역을 돌아다니며 한때 목장으로 사용되던 곳
에서 가시철조망 잔해를 철거하는 중이었다. 여기서 얻은 철조망
기둥은 파커 박사의 연구에서 웜뱃이 사는 굴의 위치를 표시하는
데 재사용했다. 그런데 그때 에뮤 세 마리가 다시 나타났다.

에뮤들은 소리 없이 다가오더니 보호구역 한편에 자리 잡았다.
우리와 불과 460미터가량 떨어진 거리였다. 에뮤들은 유칼립투스
나무에 새둥지처럼 달려 있는 겨우살이덩굴을 콕콕 쪼았다. 절대
놓치면 안 돼! 머리에 번개를 맞은 듯 정신이 번쩍 들었다.

우리는 카메라와 망원경을 들고 조심스럽게 에뮤에게 접근했다.
덤불에 몸을 숨기고 있다가 에뮤가 보지 않는 틈을 타서 조금씩
전진했다. 하지만 그들의 시선을 벗어나기란 불가능했다. 새의 평
균 시력은 인간보다 몇 배 더 월등하니 말이다. 그래도 가까스로
90미터 거리까지 접근했다. 그런데 셋 중 하나가 검은 목을 쭉 빼
서 키를 최대한 높이더니 우리 쪽으로 다가오는 게 아닌가. 이 당
돌한 에뮤는 거의 20미터 거리까지 다가오다가 돌연 방향을 틀어
서 다른 곳으로 가버렸다. 에뮤가 꼬리를 들고 꽤 많은 양의 대변
을 누는 모습도 포착했다. 그렇게 에뮤 셋은 우리를 신경 쓰지 않
고 유유히 산책하다가 저편으로 가버렸다.

에뮤의 대변을 살펴보니 녹색 줄무늬가 그려진 씨앗이 총총 박혀 있었다. 겨우살이 씨였다! 그 순간 무엇을 연구할지 떠올랐다. 에뮤는 식물의 종자를 퍼트리는 주 역할을 할까? 어떤 종류의 식물을 먹을까? 씨앗이 발아하는 데 에뮤의 대변이 도움이 될까?

나는 '에뮤 파이'를 찾아서 아웃백 이곳저곳을 며칠간 돌아다녔다. 에뮤의 똥은 외계 우주선에서 분리된 연료통만큼 중요한 자료였고, 여기서 얻는 정보도 많았다. 나는 대변을 발견하면 배낭에 넣어 캠프로 가져왔다. 그리고 그 속에 섞여 있는 씨앗이 무엇인지 살펴보았다. 그런 다음 씨앗의 절반은 다시 대변과 잘 섞어두고, 나머지 절반은 물에 적신 키친타월에 올려놓았다. 씨앗이 어느 환경에서 더 잘 자라는지 지켜보기 위해서였다.

유난히 화창했던 날이 지고 저녁 무렵이 되었다. 나는 쓰러진 통나무에 잠시 앉아서 휴식을 취했다. 호주의 토종 개미인 고기개미 떼가 내 부츠에 기어오르는 모습을 보며 '오랜 방황 끝에 연구 목적을 찾았다'는 행복감에 젖어들었다.

그렇게 한참 개미를 바라보다가 고개를 살짝 들었는데 눈앞에 에뮤가 풀을 뜯는 광경이 펼쳐졌다. 에뮤를 좀 더 관찰하고 싶은 마음에 서둘러 덤불 뒤로 몸을 숨겼다. 하지만 이미 에뮤에게 발

각된 상태였다. 한 마리가 내 쪽으로 성큼성큼 다가왔다. 한 20미
터 거리를 앞두고 갑자기 내 눈을 정면으로 바라보며 뛰기 시작했
다. 그러다가 우뚝 멈춰 섰다. 나머지 두 마리도 서서히 다가오더
니 똑같이 행동했다. 그렇게 세 마리가 내 앞에 섰다. 무언가를 기
다린다는 듯.

　나에게 도전하는 걸까? 아니면 같이 놀자는 걸까? 혹시 일종의
테스트인가? 에뮤들도 아마 궁금했을 것이다. 내가 위험한 존재
인지 아닌지, 또 자신들을 뒤쫓을지 아닐지. 만약 뒤쫓는다면 얼
마나 빨리 달릴지 등등.

　나는 다시 숨을까 하다가 이런 태도는 무의미하다는 것을 깨달
았다. 제인 구달이 떠올랐다. 그녀도 나와 같은 결론을 내렸었다.
나는 일찍이 《내셔널지오그래픽》에 실린 침팬지 연구를 읽고 어린
시절부터 그녀를 내 영웅으로 삼았다. 제인 구달은 연구 대상을
몰래 훔쳐보지 않았다. 오히려 자신의 존재를 솔직하게 드러내고
침팬지들이 그녀에게 익숙해질 때까지 겸허한 자세로 기다렸다.

　그날 이후부터 나도 매일 똑같은 복장을 착용했다. 아빠의 낡은
녹색 군용 점퍼에 청바지를 입고 빨간 스카프를 둘렀다. 나는 에
뮤들을 안심시키고 싶었다. 여기에는 나밖에 없어. 나는 절대 너

희를 해치지 않아. 에뮤들은 내가 그들을 발견하기 훨씬 전부터 나를 보고 있었을 거라는 확신이 들었다.

그날부터 에뮤와 만나는 일이 잦아지더니 언제부터인가는 매일 마주쳤다. 그리고 몇 주 만에 5미터 거리까지 접근하게 되었다. 얼마나 가까운지 적갈색 홍채와 검은색 눈동자가 똑똑히 보이고, 깃털의 이중구조까지 들여다보일 정도였다. 심지어 에뮤가 먹는 식물의 잎맥까지 보였다.

나는 세 마리를 쉽게 구분할 수 있었다. 한 마리는 오른쪽 다리에 기다란 흉터가 있어서 '나자빠진 다리'라고 이름을 붙였다[사실 '나자빠지다'라는 표현은 사육사에게 배운 호주 속어인데 생각보다 무례한 뜻이었다]. 다른 에뮤보다 앉아 있는 때가 많았는데 다리 부상 때문인 것 같았다. '검은 머리'는 셋 중에 가장 행동력이 있어 보였다. 이동할 때도 곧잘 선두에 섰다. 두 번째 만남에서 우리한테 곧장 다가왔던 에뮤도 이 녀석이었을 것이다. '민숭민숭한 목'은 검은 깃털이 듬성듬성 난 목 부분에 희끗한 점이 있었다. 녀석은 쉽게 놀라는 편이어서 바람이 갑자기 불어닥치거나 차가 다가오면 제일 먼저 도망갔다.

나는 이들을 '그he'라고 지칭했는데 어떤 해부학적 이유가 있어서는 아니었다. 에뮤는 알을 낳기 전까지 성별을 구분할 수 없다. 그렇다고 이 경이로운 존재를 감히 '이것it'이라고 칭할 수는 없었다. 성별은 알 수 없었지만, 아직 다 자란 상태가 아니라는 것을 알 수 있었다. 다른 성조成鳥처럼 목에 청록색 털이 나지 않았기 때문이다. 그리고 아비를 떠난 지 몇 주 혹은 몇 달밖에 되지 않은 형제들로 추정되었다(보통 아빠 에뮤가 푸르데데한 검은 알들을 직접 품어서 부화시키며, 거의 20마리가 되는 아기 에뮤들을 보살핀다). 이들도 나처럼 이제 막 세상을 탐험하기 시작한 셈이다.

에뮤는 하루 종일 무엇을 하며 지낼까? 나는 무척 궁금했다. 마침 애들레이드시에 나갈 기회가 있어서 잠시 대학 도서관에 들렀다. 하지만 야생 에뮤 무리의 습성을 연구한 출판 자료는 한 건도 없었다. 그래서 씨앗발아 실험을 진행하면서 에뮤의 일상을 시간별로 기록하는 것도 새로운 주요 일과가 되었다[참고로 에뮤가 소화한 씨앗이 더 빨리 발화했다].

나는 에뮤의 습성을 기록할 체크리스트를 작성했다. 걷기, 뛰기, 앉기, 풀 뜯기, 나뭇잎 뜯기, 털 다듬기 등의 항목을 만들었다. 그리고 30분간 각각의 에뮤가 어떤 행동을 하는지 30초마다 체크했고, 이어서 30분 동안 서술형으로 기록했다. 에뮤를 발견

하면 그 옆을 서성이며 관찰했다. 나를 앞질러 가버리면 절대 뒤
쫓지 않았다. 그런 행동은 무의미했다. 그래도 헤어짐은 매번 아
쉬웠다.

아무리 평범한 행동이라도 내게는 매우 흥미로웠다. 특히 에뮤
가 앉는 장면은 그야말로 획기적인 발견이었다. 에뮤는 먼저 무
릎을 꿇은 다음 놀랍게도 곧이어 가슴을 낮추었다[새의 무릎처럼 보
이는 부위는 사실상 사람의 발목에 해당한다]. 에뮤가 두 단계를 거쳐서
앉는다는 사실은 전혀 몰랐다. 일어서는 과정 또한 놀라웠다. 먼
저 목과 가슴에 반동을 주어 무릎 꿇는 자세를 취했다. 그런 다음
스쿼트 자세로 점프해 일어섰다.

물 마시는 모습도 예상 밖이었다. 미처 생각지도 못했던 행동이
라서 체크리스트에도 없었다. 아웃백에는 비 내리는 날이 워낙 드
물어서 체크리스트를 작성하고 몇 주가 지나서야 비가 내린 탓이
었다. 게다가 사막동물은 물이 아니라 음식만으로 수분을 섭취하
는 경우가 많아서 에뮤가 물 마시는 장면을 목격하리라고 기대하
지 않았다. 그런데 비가 내린 덕분에 길에 물웅덩이가 생겨서 에
뮤가 무릎을 꿇고 물 마시는 장면을 목격할 수 있었다.

몸치장하는 모습도 역시 새로웠다. 특히 에뮤들이 갈색 깃털

을 고르는 모습을 보고 있으면 기분이 절로 좋아졌다. 부리로 깃
가지 사이를 손질하는 모습을 보면서 할머니를 떠올렸다. 햇빛은
쨍쨍하고 소파에 누워 있고만 싶은 나른한 오후가 되면 할머니는
내 머리칼을 빗겨주고는 했다. 에뮤도 지금 기분이 얼마나 좋을
까! 이 고요하고 은밀한 행위에서 느껴지는 즐거움을 공감할 수
있었다.

깃털이 일어설 정도로 거센 돌풍이 부는 날이면 에뮤들은 춤을
추었다. 하늘을 향해 머리를 내던지다시피 하고, 힘센 다리로 공
기를 휘저었다. 나는 에뮤가 순전히 재미로 이런 행위를 한다고
느꼈다. 에뮤도 장난을 칠 때가 있다. 하루는 집 밖에서 기르는 경
비원의 개한테 에뮤들이 장난치는 모습을 보았다.

줄에 묶여 있던 개는 몹시 흥분해서 거칠게 짖어댔다. 하지만
대담한 '검은 머리'는 머리와 어깨를 높이 쳐들고 망설임 없이 정
면으로 돌진했다. 약 6미터 거리까지 가서는 짤막한 날개를 앞으
로 뻗은 채 목을 위쪽으로 향하면서 두 발로 뛰어올랐다. 똑같은
행동을 약 40초간 반복했고, 곧이어 나머지 두 마리도 합세했다.
개는 완전히 미쳐 날뛰었다. 에뮤들은 그런 개를 응시하면서 300미
터가량 뒤로 물러서더니 털썩 주저앉아서 몸치장을 시작했다. 마

치 장난에 성공한 것을 자축하는 것처럼 보였다. 나는 겁이 많은
'민숭민숭한 목'과 부상을 입은 '나자빠진 다리'가 용기를 낸 것에
무척 감탄했다. 리더인 검은 머리는 이들에게 사나운 개를 놀릴
수 있는 커다란 자신감을 심어주려고 했던 것이다.

　이 셋은 서로를 한 무리로 인식했다. 무리에서 좀 멀리 떨어졌
다 싶으면 고개를 들고 주변을 살핀 후 거리를 반경 23미터 이내
로 좁혔다. 한 달쯤 지나자 나는 검은 머리에게는 1.5미터, 나머지
두 마리에게는 3미터 거리까지 접근하게 되었다.

　나 역시 검은 머리를 지도자로 인정했다. 검은 머리와 눈이 마
주치면 내가 그의 무리를 따라가도 괜찮은지 눈치를 살폈다. 그의
허락을 구하려는 행위였다. 동시에 검은 머리가 무리의 리더이며
곧 나의 리더이기도 하다는 사실을 인정하는 셈이었다.

　가끔은 검은 머리가 내 눈을 똑바로 바라보며 한참을 응시할 때
가 있었다. 그러면 거대하고 기묘한 새의 시선에 온몸이 정화되는
듯했다. 아무리 더러운 옷을 걸치고 머리는 들개처럼 헝클어졌어
도 나 자신이 아름답게 느껴졌다. 이런 기분은 난생처음이었다.

나는 에뮤들의 우아함, 힘,
기묘함에 압도되어
손가락 하나 까닥할 수 없었다.

땅거미가 질 무렵이 되면 에뮤들은 모든 빠른 움직임에 예민하게 반응했다. 저 멀리서 차가 지나가거나 캥거루가 뛰어가는 기척에도 멀리 달아나버렸다. 한번은 내 텐트가 바람에 날아갔는데 이때도 어김없이 도망갔다. 특히 나자빠진 다리처럼 부상을 입은 경우에는 항상 경계태세를 취하고 있어야 했다. 에뮤처럼 강한 동물도 예외는 아니었다. 그래도 가장 먼저 도망가는 녀석은 민숭민숭한 목이었다. 나머지 둘도 뒤따라 가버리면 내 속도로는 절대 따라잡을 수 없었다.

매일 밤 나는 침낭 속에 몸을 웅크리고 누워 에뮤들은 어디서 자는지 궁금해했다. 혹시 잠을 안 자고 잠깐 쉬기만 하는 걸까? 셋 중 하나는 보초를 설까? 잘 때 무릎을 꿇을까 아니면 앉거나 서 있을까? 혹시 집에서 기르던 박새처럼 한 발로 서서 잘까? 아니면 짧은 날개에 머리를 파묻고 잘까?

새벽 네 시에 일어나서 에뮤가 자는 모습을 찾아다닌 적도 있지만 매번 실패했다. 그러던 어느 날 밤이었다. 그날따라 늦게까지 따라다녔는데도 에뮤들은 도망가지 않았다. 날이 어두워지자 에뮤 셋은 유칼립투스나무 아래 한 방향을 바라보며 자리를 잡고 앉았다. 유칼립투스나무 네 그루가 주황빛과 보랏빛 노을 아래 캐노피처럼 우거진 곳이었다. 나도 그 옆에 앉았다. 에뮤들과 함께 있으니 정말 행복했다. 완전히 어둠이 내려앉고 나서야 내가 아무런 기록도 하지 않았다는 사실을 깨달았다. 시간이라도 확인하려고 손전등을 켜자 에뮤들이 벌떡 일어나서 도망가버렸다.

더없이 행복했던 밤이 지나고 다음 날 다시 에뮤들을 찾았다. 그동안 기록한 자료만 수천 장에 달했다. 내가 과학계에 조금이나마 기여하는 기분이 들었다. 세계 최초로 이 자료들을 분석해서 에뮤들이 풀을 뜯고, 탐색하고, 몸치장하는 시간을 구분해서 퍼센트로 정리할 계획이었다.

한번은 화석 채굴을 도우러 다른 곳에 가게 되었다. 사전에 약속했던 일이라 도저히 취소할 수가 없었다. 그래서 자원봉사자 한 명을 미리 훈련시켜서 나 대신 에뮤를 따라다니며 관찰하게 했다. 하지만 그녀가 아무리 똑똑하고 야무져도 뭐라도 하나 놓칠까 봐 걱정이 되었다. 화석 채굴도 충분히 흥미로웠지만 에뮤 연구가 너무 걱정된 나머지 예정보다 하루 일찍 현장을 떠났다.

캠프로 돌아와 보니 자원봉사자는 에뮤를 제대로 관찰하고 있었
다. 자료도 100여 장 가까이 작성해놓았다. 자료를 후다닥 훑어보
고는 에뮤를 직접 보러 갔다. 바람이 불고 비가 내리는 데다 날도
이미 저문 상황이었다. 에뮤들은 이런 날씨면 으레 그랬듯 초조해
하며 이리저리 뛰어다녔다. 나는 내가 정한 규칙을 어기고 에뮤를
뒤쫓았다. 그러자 에뮤들은 어둑어둑한 폭우 사이로 사라져버렸
다. 비는 우박으로 바뀌었고, 나는 덤불 속에 몸을 던지고 울었다.

　내가 원한 것은 에뮤에 관한 자료가 아니었다. 나는 에뮤들과
함께 있고 싶었던 것이다.

　돈 한 푼 받지 않고 일하기에 6개월은 매우 긴 시간이었다. 원래
반년이 지나면 미국으로 돌아갈 계획이었다. 나는 캠프장을 정리
하고 뉴햄프셔주의 작은 마을에 하워드가 빌려둔 별채로 이사했
다. 동물보호구역을 떠나기 닷새 전, 에뮤들이 평소 즐겨 찾던 들
갓wild mustard 밭에 앉아 있는 모습을 보았다. 내가 다가가자 나자빠
진 다리가 고개를 들었고, 나머지 둘도 고개를 돌려 나를 쳐다보
았다. 쓰러질 정도로 바람이 세게 불어서 그곳에 앉아 있는 것 같

았다. 나도 바람을 피해 바닥에 엎드려서 에뮤들이 들갓을 한 움큼 뜯어 먹고 깃털을 고르는 모습을 지켜보았다.

점심이 되어 바람이 잦아들자 우리는 다시 이동하기 시작했다. 우리가 처음 만났던 장소로 서서히 움직였다. 가시 돋친 지피식물이 바다처럼 펼쳐진 곳도 걷고, 동물보호구역의 주 도로도 걸었다. 트럭 한 대가 지나갔지만 에뮤들은 전혀 개의치 않았다. 검은 머리와 나의 거리는 1미터도 채 되지 않았다. 나는 검은 머리의 눈을 바라보았다. 그리고 민숭민숭한 목과 나자빠진 다리도 바라보았다. 이토록 차분한 모습은 처음이었다. 혹시 '오늘 밤인가?' 하는 생각이 들었다.

그날은 달도 뜨지 않은 밤이었다. 드디어 에뮤들이 잠자는 모습을 볼 수 있을까?

어둠이 찾아왔는데도 아무도 뛰거나 도망가지 않았다. 우리는 무성한 덤불 속으로 들어갔다. 나는 처음 가보는 장소였다. 점점 어두워지는 덤불 속에서 나자빠진 다리가 겨우 1.5미터 거리에 있음을 느꼈다. 우리가 몇 개월을 함께 지내는 동안 나자빠진 다리의 상처는 많이 회복되었다. 나는 그에게 남다른 애정을 가졌고, 그는 어둠 속에서 내게 이렇게 가까운 거리를 허락할 만큼의 신뢰를 주었다. 이보다 더 큰 수확이 어디 있겠는가! 검은 머리와 민숭민숭한 목이 발을 주기적으로 탁탁거리는 소리도 들렸다.

별마저 구름에 가려 기록지도, 시계도 보이지 않았다. 에뮤들이 앉는 소리가 들렸다. 털썩! 먼저 무릎으로 앉았다. 털썩! 가슴도 내려놓았다. 에뮤들이 무슨 행동을 하는지 눈에 보이지는 않았지만 소리가 들렸다. 단단한 다리를 몸통 밑으로 접는 소리, 부리로 깃털을 손질하는 소리가 들리더니 곧 잠잠해졌다. 기록해야겠다는 생각은 전혀 들지 않았다. 그저 어둡고 안심되었으며, 잠든 그들 옆에 함께 있다는 사실만이 중요했다.

떠나기 하루 전 날에는 새벽부터 밤까지 에뮤를 따라다녔다. 하워드에게 돌아가고 싶었고, 페럿, 모란앵무, 친구들이 그리웠다. 하지만 그만큼 에뮤와 헤어진다는 생각에 가슴이 먹먹했다. 내가 그들에게 받은 만큼 돌려주고 싶었다. 그들은 내게 깃털을 고르며 마음의 평온함을 전해주었고, 바람 속에서 활기찬 춤을 추며 기쁨을 느끼게 해주었다. 또 겨우살이풀을 배불리 먹으며 충만감을 만끽하게 해주었다. 하지만 내가 어찌 그들에게 이런 것들을 되갚을 수 있겠는가.

나는 아웃백에서 많은 것을 배웠다. 행동학 연구를 진행하는 방법은 물론이고 야외에서 소변볼 때 신발에 묻히지 않는 방법까지 터득했다. 숲에서 6개월을 살고 나니까 답답한 팬티스타킹을 신고 사무실에 출근해서 상사에게 굽실대는 숨 가쁜 삶으로 다시 돌아갈 수 없음을 깨달았다. 나는 앞으로 남은 인생 동안 동물에 관한 글을 쓰고 그들의 이야기가 이끄는 대로 따라갈 것이다. 몰리는 내게 새 삶을 주고 운명의 방향을 정해주었다. 에뮤는 함께 걷도록 곁을 허락함으로써 내가 이 길에 첫발을 내딛게 해주었다.

내가 모은 에뮤 자료는 새롭지만 그리 놀라운 정보는 아니다. 제인 구달이 침팬지를 연구하며 발견한 것처럼 에뮤가 도구를 사용한다든가 다른 에뮤 그룹과 치열하게 싸운다는 등의 내용은 없다. 하지만 에뮤와 지내면서 작가로서 매우 중요한 부분을 깨달았다. 호기심, 기술, 지식만으로는 동물의 삶을 이해할 수 없었다. 몰리와 유대감을 쌓았던 것처럼 에뮤와도 유대감을 쌓아야 가능한 일이었다. 마음뿐만 아니라 가슴 깊은 곳까지 열어야 하는 것이다.

3장

주어진 삶을 사랑하는 법
_꿀꿀이 부처 크리스토퍼 호그우드

　　　　　　　　하워드와 나는 뉴햄프셔주에 금
세 적응했다. 이곳의 숲과 습지, 짧고 강렬한 여름, 불타는 듯한
가을 낙엽, 반짝이는 겨울 눈과 사랑에 빠졌다. 우리 둘 다 프리랜
서 일을 구했다. 나는 뉴질랜드에서 대형 곤충과 주머니쥐에 관한
잡지기사를 쓰고, 하와이와 캘리포니아에서 동물언어학을 연구하
고, 《보스턴 글로브》에 글을 기고했다. 하워드는 《양키》《히스토
릭 프리저베이션》《아메리칸 헤리티지》 등을 비롯한 여러 일간지
에 글을 연재했다.
　우리가 빌린 별채는 뉴입스위치라는 작은 마을의 중심가에서
조금 떨어진 곳이었다. 우리보다 나이가 많은 집주인 부부와도

돼지 '크리스토퍼 호그우드'

금세 친해졌다. 그러다 책과 자료가 너무 많아서 공간이 비좁아지자 우리는 핸콕이라는 옆 마을 농가로 이사했다. 두 가족이 함께 살 수 있는 농가였다. 우리는 농가의 절반을 사용했는데 32제곱미터 남짓한 규모였다. 이곳에는 개울도 있고, 헛간과 울타리가 쳐진 들판도 있었다. 군인 아버지를 둔 탓에 어릴 때부터 수없이 이사를 다녔는데 이곳에 와서야 마침내 우리 집을 찾은 듯한 느낌이 들었다.

우리는 하워드의 첫 책 발간을 축하했다. 미래 도시를 다룬《코스모폴리스》라는 책이었다. 나도 동아프리카와 보르네오섬에서 연구한 내용을 첫 저서로 발간하기로 계약했다. 하워드와 나는 지인의 농장을 빌려서 결혼식을 올렸는데, 하객으로 사람 서른 명, 말 두 마리, 고양이 세 마리, 개 한 마리 그리고 새로 태어난 망아지 한 마리가 참석했다.

그런데 결혼식 이후 모든 일이 틀어지기 시작했다.

우리가 살던 집이 다른 사람에게 팔렸고, 내 책을 출간하기로 약속했던 출판사가 계약을 취소했다. 그래도 나는 예정대로 아프리카로 떠났다. 2개월간 3개국 원정을 끝내고 제인 구달의 캠프장에서 그녀를 만나기로 했기 때문이다. 내 책의 첫 장을 장식할 이야기였는데 결국 만남은 성사되지 못했고, 여러 일이 겹치면서 나는 외딴섬 신세가 되었다. 그중 최악은 나의 영웅인 아버지가 폐암으로 죽어간다는 사실이었다. 우리 집, 첫 책, 아버지까지 내 인생의 모든 것이 모래알처럼 흩어지는 기분이었다.

이러한 상황에서 새로운 동물을, 그것도 한 번도 키워보지 않은 종을 입양한다는 것은 적절하지 않았다. 그러던 3월, 타이어가 헛돌아 차 전체에 얼어붙은 진흙이 튀기던 우울한 날이었다. 길에는 아직 녹지 않은 눈이 물에 젖은 크리넥스 휴지처럼 남아 있었고, 우리는 비포장도로를 지나 임시 거처로 돌아가던 중이었다. 내 무릎에 신발 상자가 하나 놓여 있었는데 그 안에는 건강 상태가 매우 안 좋은, 흑백 얼룩무늬 돼지가 들어 있었다.

돼지를 우리 집에 데려가자고 제안한 것은 다름 아닌 하워드였다. 옆 동네 농장 친구에게서 전화가 왔을 때 나는 버지니아에서 아버지를 간호하고 있었다. 그해 봄 친구네 돼지가 유난히 새끼를 많이 낳았는데 몸이 약한 녀석들이 꽤 있었던 모양이다. 그중 몸집이 다른 애들의 절반밖에 되지 않은 녀석이 있었다. 눈물이 계속 흐르고, 기생충 감염, 설사 등 온갖 질병에 걸린 상태였다. 친구는 이 새끼돼지를 '점박이'라고 불렀다. 농장에서 보살필 수 있는 수준보다 훨씬 더 많은 손길이 필요해 보였다. 게다가 병이 낫는다 해도 몸이 워낙 작아서 식용으로도 쓸 수 없었다[다른 돼지 형제들은 식량이 될 운명이었다]. 하워드가 먼저 입을 뗐다. "우리가 데려갈까?"

평소의 하워드라면 전화가 왔다는 이야기조차 꺼내지 않았을 것이다. 내가 군식구를 데려올까 봐 동네 동물보호소에는 발도 들이지 못하게 했던 사람이다. 핸콕으로 이사하면서 페럿도 없어졌다. 다만 주인에게 버림받은 왕관앵무와 집 잃은 크림슨 로젤라(원산지는 호주 동부와 남부. 우리말로 '장미앵무'라고 한다)가 모란앵무의 새 식구로 들어왔을 뿐이다. 그리고 집주인이 기르는 애묘로 흰색과 회색 털에 애교와 장난기 많은 고양이도 있었다. 하워드는 내 기운을 북돋아주고 싶어 했다. 그러다가 새끼돼지를 키우자는 생각까지 하게 된 것이다.

우리는 고대 음악원 설립자의 이름을 따서 새끼돼지에게 크리스토퍼 호그우드라는 이름을 지어주었다. 평소에 뉴햄프셔 공영 라디오방송에서 흘러나오던 음악을 즐겨 들었기 때문이다. 우리는

먹이 근처에도 못 가게 밀쳐내던 형제들로부터 크리스토퍼를 데
려와 온기와 사랑을 듬뿍 주면 되겠거니 하고 막연하게 생각했다.

 우리는 둘 다 돼지를 키워본 적이 없었다. 어린 동물을 길러본
경험 자체가 없었다. 페럿이 새끼를 낳았을 때도 어미 페럿이 알
아서 키웠다. 그 당시에는 크리스토퍼가 살아남을지도 확신할 수
없었을 뿐더러 돼지가 얼마나 크게 자라는지도 몰랐다. 대부분의
돼지는 살이 가장 연한 생후 6개월 때 도살당하기 때문에 크리스
토퍼가 얼마나 오래 살지 가늠할 수 없었다.

 그런데 크리스토퍼가 우리 집에 온 이후 가장 놀라웠던 일은 오
히려 내가 이 병든 새끼돼지에게 치유받았다는 사실이다.

 크리스토퍼는 복슬복슬한 큰 귀로 헛간에 다가오는 내 발자국
소리를 들으면 어김없이 꿀꿀대며 나를 불렀다. 무척 보고 싶었다
고 말하는 듯했다. 우리는 누가 먼저랄 것도 없이 꽥꽥 소리를 지
르며 서로를 반겼다. 나는 목재 팰릿(깔판)을 끈으로 묶어 만든 울
타리를 열고 돼지우리 안에 들어가 앉았다. 그리고 아침식사로 건
초와 대팻밥을 손수 떠먹여주었다.

　아침식사가 끝나면 크리스토퍼는 납작한 코로 잔디밭 이곳저곳을 탐색했다. 친절하게도 내게 꿀꿀대며 중계방송까지 해주었다. 그러다 지루해지면 돼지우리로 돌아가서 놀라울 정도로 튼튼하고 축축한 코를 내 품에 파묻었다. 우리는 그렇게 꼭 껴안고 한참을 있었다.

　크리스토퍼는 내가 본 아기들 중에서 가장 사랑스러웠다. 크고 매력적인 두 귀는 각각 분홍색과 검은색이었고, 분홍색 코는 항상 무언가를 탐색했다. 한쪽 눈에는 유명한 맥주 광고에 나오는 불테리어인 스퍼즈 매켄지(1980년대 말, 버드라이트 맥주 광고에 마스코트로 등장한 불테리어 종 개 캐릭터의 이름)처럼 검은 얼룩무늬가 있었다. 게다가 몸집마저 작아서 더욱 귀여웠다. 발굽도 25센트 동전에 설 수 있을 만큼 작았다. 신발 상자에 쏙 들어가는 돼지라니, 한번 상상해보라! 비록 덩치는 작았지만 발랄하고 호기심이 많았으며 특히 소통능력이 뛰어났다. 우리는 크리스토퍼가 무엇을 원하는지 쉽게 해석할 수 있었다. 예를 들어 "꿀. 꿀! 꿀!"은 "이쪽으로 와요, 지금 당장!"이란 뜻이다. "꿀? 꿀? 꿀?"은 "오늘 아침식사는 뭐예요?"라는 뜻이고, 낮은 목소리로 느리게 "꿀. 꿀. 꿀" 하면 배를 쓰다듬어달라는 의미다. 덤으로 "꾸우우우우우울"은 기분 좋은 부위에 손길이 닿았다는 뜻이다. 무언가 재미있는 것을 발견하면 "꽥!" 하고 소리를 질렀다. 톤이 높은 경우에는 고통을 의미했다. 그리고 하워드와 나를 반길 때의 목소리가 달랐다. 나를 반길 때의 목소리는 살짝 더 높았다. 크리스토퍼는 갈라진 발굽으로 나를 꼭 안아주었다. 나는 크리스토퍼를 너무 사랑한 나머지 두려움마저 생겼다.

나의 새끼돼지는 내게 기쁨을 주었지만, 불행히도 나의 부모님은 내게서 그런 기쁨을 얻지 못했다. 오히려 분노했다. 내가 그분들이 원하는 대로 자라주지 않아서였다. 대학교 때 부모님은 내게 군사훈련을 받으라고 강력히 권했지만 나는 거절했다. 그리고 아버지는 군인 사위를 얻기 바라는 마음에 워싱턴 D.C.에 있는 육해군 타운클럽과 컨트리클럽의 회원권을 계속 유지했지만 헛된 소망이었다. 내가 인생을 함께 보낼 짝으로 하워드를 선택했을 때 부모님의 인내심은 한계에 달했을 것이다.

풍성한 곱슬머리에 진보적인 성향의 하워드는 부모님이 상상하던 장군감 사위와 거리가 멀었다. 게다가 하워드는 유태인이었다.

우리 집은 감리교였다. 하워드네 가족은 중산층에 진보주의였고, 우리 집은 부유층에 보수주의였다. 결혼식을 치르고 일주일 후 아버지로부터 독설이 담긴 편지를 받았다. 아버지는 나를 《햄릿》의 '네 아버지를 찌른 독사'에 비유하며 절연을 선언했다. 부모님에게 나는 인간이 아닌 다른 종이었다.

그로부터 2년 후, 캘리포니아에 사는 고모에게서 아버지가 아프다는 소식을 들었다. 나는 아버지 곁에 있기 위해 워싱턴행 비행기에 올랐다. 아버지는 월터리드 육군의료센터에서 1차 폐암 수술을 받고 회복 중이었다. 어머니와 아버지는 나를 보고 기뻐했고, 그 후로 찾아갈 때마다 반가워했다. 하지만 하워드는 끝까지 반기지 않았다. 아버지의 장례식 때도 마찬가지였다. 죽음이 임박한 순간까지 나를 용서한다는 말을 하지 않았다. 어머니도 자신과 너무 다른 삶을 사는 나를 끝까지 받아들이지 못했다.

나의 가족관계는 이러했지만 크리스토퍼와의 관계는 달랐다. 크리스토퍼는 네발 동물이고 발굽이 있지만 나는 두발 동물이고 발굽이 없다. 그러나 이런 차이는 우리 관계에 아무런 문제가 되지 않았다. 크리스토퍼는 돼지였고, 그래서 나는 그를 사랑했다. 몰리가 개임에도 사랑했던 것이 아니라 개이기 때문에 사랑했던 것

처럼 말이다. 크리스토퍼 또한 넓은 아량으로 고작 인간에 불과한
나를 용서하고 받아들였다.

　　크리스토퍼와 나 사이에는 외관적 차이 말고도 크게 대조되는
점이 또 있었다. 나는 수줍음이 많은 반면 크리스토퍼는 외향적
이었다. 워낙 사람을 좋아해서 종종 우리를 탈출하고는 했다. 돼
지우리에 고무 밧줄을 단단히 엮어서 문을 만들었지만, 크리스토
퍼는 돼지의 높은 지능과 유연한 코와 입술을 이용해 우리 밖으로
탈출했다. 그리고 유유히 이웃집으로 놀러갔다.

　　"우리 잔디밭에 돼지가 들어왔는데 혹시 당신네 돼지인가요?"
이런 전화를 받고 문을 박차고 나가서 재빨리 크리스토퍼를 집으
로 데려온 적이 한두 번이 아니었다. 잠옷 바람에 잠이 덜 깬 채로
데리러 간 적도 있었다. 잘 알지 못하는 이웃일 때는 인사를 하기
도 참 난감했다. 하지만 이웃들은 항상 웃는 얼굴로 나를 맞이해
주었다. 내가 도착할 즈음에는 이미 크리스토퍼가 그들의 마음을
쏙 빼놓은 뒤였기 때문이었다. 이웃들은 크리스토퍼의 귀 뒤를 살
살 긁어주거나 배를 쓰다듬고 간식도 주었다. 그리고 "너무 귀여

워요! 어쩜 이렇게 사람을 잘 따라요!"라며 감탄했다. 다들 크리스
토퍼에게 큰 관심을 보였다.

　나는 예전에 사람을 만나면 애깃거리를 찾는 게 고역이었다. 자
녀, 자동차, 스포츠, 패션, 영화 등 사람들이 보통 좋아할 법한 주
제를 잘 몰랐다. 하지만 이제는 할 말이 넘쳐났다. 그렇게 불편하
던 파티에서도 크리스토퍼가 얼마나 멋지게 우리 밖으로 탈출하
는지, 사람을 어찌나 기가 막히게 구분하고 몇 년이 지나도 잘 기
억하는지, 수박껍질을 그렇게 좋아하면서 양파는 왜 그리 싫어하
는지, 음식을 먹을 때 허겁지겁 서두르지 않고 얼마나 우아하게
먹는지, 입술로 어쩜 그렇게 신중하고 정확하게 딱 한입씩만 떠올
려 먹는지 등 이야기가 끊이지 않았다.

　사람들은 우리가 크리스토퍼를 어떻게 할지 궁금해했다. 그러면
이렇게 대답했다. "나는 채식주의자이고 남편은 유태인이라서 크
리스토퍼를 잡아먹는 일은 없을 거예요. 아마 외국에 있는 대학으
로 유학을 보내게 될 것 같아요." 그러고는 사람들을 '디너쇼'에 초
대했다. 오래된 베이글, 마카로니 치즈, 아이스크림 등 남은 음식
을 가져와서 크리스토퍼가 먹는 모습을 지켜보는 시간인데 언제나
다들 즐거워했다. 원체 낭비를 싫어하는 뉴잉글랜드 출신들에게

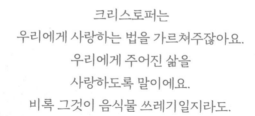

크리스토퍼는
우리에게 사랑하는 법을 가르쳐주잖아요.
우리에게 주어진 삶을
사랑하도록 말이에요.
비록 그것이 음식물 쓰레기일지라도.

크리스토퍼가 남은 음식을 달갑게 먹는 모습은 은근히 중독성이 있었다. 이 모습을 본 이웃들은 금세 타인에서 친구로 바뀌었다.

크리스토퍼의 타이밍은 완벽했다. 마침 우리가 살던 집을 소유할 수 있게 되었기 때문이다. 집주인이 실제 면적이 32제곱미터가 안 된다는 사실을 발견하고는 집값을 내린 덕분에 기적적으로 이 집을 살 수 있었다. 그렇게 우리는 무럭무럭 자라는 돼지와 함께 소중한 집을 마련했다. 그리고 신혼부부가 정착하면 으레 그렇듯 우리도 가족을 늘리기로 결심했다.

집을 사고 나서 처음으로 맞이한 가족은 숙녀들이었다. 친한 친구가 집들이 선물로 손수 기른 암탉 여덟 마리를 데려온 것이다. 병아리 털색으로 암수 구분이 가능한 반성유전이었다. 닭들은 난쟁이 수녀들 같았다. 비록 선홍색 볏, 주황색 눈, 노란색 비늘로 다리가 덮여 있었지만 말이다. 닭들은 울타리 안을 자유롭게 돌아다녔다. 땅을 파헤치며 벌레도 잡고 경쾌한 울음소리를 냈다. 우리가 나타나면 반갑게 달려와서 먹을 것을 달라고 보채거나 안고 쓰다듬어주길 기다렸다.

그다음 우리 집에 온 가족은 과거가 파란만장한 테스였다. 아름다운 흑백색 긴 털이 매력적인 보더콜리였다. 양치기개로 알려진

보더콜리는 독립적이고, 서정적이며, 의지가 강하고, 영리하기로
유명하다. 하워드도 예전부터 보더콜리를 기르고 싶어했다. 그런
보더콜리에게도 단점이 하나 있으니, 양이나 소가 없으면 대신 곤
충을 몰고 다닌다는 것이었다. 심지어 스쿨버스를 몰려고 했던 적
도 있었다. 그래서 보더콜리에게는 지속적인 자극이 필요하다.

　테스의 전주인은 만찬 자리에 뛰어들었다는 이유로 어린 테스를
동물보호소에 보내버렸다. 우리 집 근처에 있는 보호소였는데 운
영자는 '동물 아가씨'라고 불리는 에벌린 나글리였다. 어느 겨울날
테스는 한 아이가 던진 공을 가지러 길가로 뛰어들었다가 반대편
에서 오던 제설차에 치이고 말았다. 이 사고로 거의 1년간 수차례
의 수술을 받았다. 다행히 한 가정에 입양되었지만, 그 가족이 불
경기에 집을 잃어서 1년 만에 다시 보호소로 돌아왔다. 테스가 우
리 집에 왔을 때 겨우 두 살이었다. 그러나 이미 살면서 고통, 상
실, 거부를 모두 경험한 상태였다.

　테스는 다리 부상에도 불구하고 운동신경이 뛰어났다. 공이나
원반던지기 놀이를 하면 하늘 높이 뛰어올랐다. 알아듣는 단어도
상당히 많았고, 철저하다 싶을 정도로 순종적이었다. 그러면서도
좋아하는 운동을 할 때를 빼고는 사람을 경계했다. 외향적인 크리

스토퍼와는 사뭇 달랐다. 테스는 우리가 명확히 지시하지 않으면 먹지도 배설하지도 않았다. 우리에게 쓰다듬는 것을 허락하기는 했지만 무언가 혼란스러워 보였다. 집에서 소리 내는 것도 두려운 모양인지 처음 몇 주간은 짖지도 않았다. 침대로 올라오라고 했을 때는 도저히 믿지 못하겠다는 표정으로 우리를 올려다보았다. 침대를 톡톡 치면서 올라오라고 손짓을 하자 마지못해 올라왔지만 금세 다시 내려갔다. 마치 우리가 원한 게 이것일 리 없다는 반응이었다.

테스는 자신의 감정을 억누르려고 했다. 우리는 그런 테스를 바꿀 수 있다고 믿었다. 사랑이 비록 아버지의 암을 치료하지는 못했지만, 아픈 새끼돼지를 구하는 것을 직접 경험했기 때문이다. 크리스토퍼는 1년 만에 무게가 113킬로그램까지 늘었고 여전히 성장하고 있었다. 이처럼 우리의 사랑이 소중한 테스를 괴롭히는 잔인하고 슬픈 과거를 상쇄할 수 있다고 굳게 믿었다.

동화책에 나오는 이야기처럼 개에 이어서 어린아이들이 우리 품을 찾아왔다. 방식이 조금 다르기는 했지만 말이다. 나는 어릴 때부터 아이를 낳고 싶은 생각이 전혀 없었다. 내가 강아지를 임신할 수도, 낳을 수도 없다는 사실을 깨달은 순간부터 내 인생에 아기란 없었다. 그렇지 않아도 지구는 이미 인간들로 넘쳐났다.

　하워드와 나도 나이가 들었지만, 우리 주변에는 자의로 아이를 낳지 않는 친구가 많았다. 아니면 나이가 들어서 자식이 다 커버린 경우였다. 나는 아이를 낳지 않은 것을 후회하지 않았다. 30대에 접어든 내게는 멋진 직업과 남편이 있었고, 집, 고양이, 개, 닭, 앵무새 그리고 몸무게 100킬로그램 대의 두 살배기 돼지도 있었다. 순전히 바이오매스(생물량)만 따지자면 우리 가족이 다른 또래 가족보다 훨씬 더 규모가 컸다.

　크리스토퍼가 두 번째 가을을 맞이할 때쯤 우리에게 새로운 일과가 생겼다. 크리스토퍼는 목줄로 끌기 힘들 정도로 몸집이 커지고 힘도 세졌다. 그래도 잔반통으로 꾀어서 뒤뜰의 넓은 '꿀꿀이 운동장'으로 유인했다[나중에는 온 동네 사람들이 나서서 남은 음식을 갖다주었다]. 테스도 원반을 입에 물고 쫄래쫄래 따라 나왔고, 닭들도 쪼르르 뒤쫓아 나왔다. 운동장에 도착하면 그릇에 음식을 붓고, 특수 제작한 크리스토퍼의 가슴줄에 체인을 연결했다. 그렇게 우리는 10월의 어느 날을 보내고 있었다. 크리스토퍼는 이따금씩 식사를 멈추고 고개를 들어 납작한 코를 벌름거리고 꿀꿀댔다. 그때 저 멀리서 금발머리 여자아이 두 명이 자석에 이끌리듯 우리 쪽으로 뛰어왔다.

"돼지잖아! 말보다 훨씬 멋지다!" 열 살짜리 여자아이가 자기 동생에게 외쳤다. 그러고는 내게 "만져도 돼요?"라고 물었다.

나는 크리스토퍼의 배를 살살 문질러서 자연스럽게 옆으로 눕게 하는 법을 알려주었다. 크리스토퍼가 기분 좋은 듯이 꿀꿀대자 아이들은 작은 손으로 부드러운 귀털을 만졌다. 내가 크리스토퍼의 발굽, 삐죽 나오기 시작한 엄니, 젖꼭지를 차례로 보여주자, 아이들은 완전히 마음을 빼앗겨버렸다.

크리스토퍼도 물론 새 친구들을 좋아했고, 테스도 원반을 던져주는 손이 늘어나서 즐거워했다. 닭들이 우리 주변을 돌며 바닥에 떨어진 음식물을 쪼아 먹는 동안 이 아이들이 비어 있던 옆집으로 이사 온다는 이야기를 들었다. 안타깝게도 부모님이 이혼해서 전에 살던 집을 떠나야 했던 모양이다. 아이들은 새집이 마음에 들지 않았다. 방금 전까지만 해도 말이다!

두 자매는 이사 온 날부터 하루가 멀다 하고 우리 집에 놀러왔다. 언니인 케이트는 만 열 살, 동생 제인은 만 일곱 살이었다. 이

둘은 가끔 크리스토퍼에게 샌드위치와 사과를 갖다주었는데 알고 보니 집에서 엄마가 차려준 아침식사를 몰래 챙겨온 것이었다. 두 자매의 엄마인 릴라는 나중에 이렇게 털어놓았다. "내가 왜 도시락을 싸는지 모르겠어요. 그냥 크리스토퍼 입에 바로 넣어주면 될 텐데 말예요." 심지어 아이스크림이 상해서 사람이 먹을 수 없다는 핑계를 대며 숟가락으로 떠서 크리스토퍼의 입에 넣어주었다. 그러면 크리스토퍼는 뒷발로 서서 울타리 문에 앞발을 얹은 채로 동굴 같은 입을 열고 참을성 있게 기다렸다. 옆집 자매들이 놀러오면 다른 손님에게는 들려주지 않는 부드러운 목소리로 반겼다.

케이트와 제인은 '꿀꿀이 스파'를 차렸다. 어느 봄날 케이트가 크리스토퍼 꼬리 끝의 곱슬털을 빗겨줘야겠다고 생각한 것이 발단이었다. 물론 예쁘게 땋는 것도 잊지 않았다. 거품비누 향이 솔솔 나는 어린 자매의 집에 머리끈이 넘쳐났기 때문이다. 이렇게 꼬리털부터 시작된 미용놀이는 머리부터 발끝까지 꾸며주는 본격적인 꿀꿀이 스파로 확장되었다.

우리는 부엌에서 따뜻한 비눗물과 뜨거운 헹굼물을 양동이에 담아왔다. 발굽에 광을 내는 말발굽용 제품도 준비했다. 따뜻한 욕조에 누워 만족스러운 듯 꿀꿀대는 모습을 보니 크리스토퍼도 스파가 마음에 든 모양이었다. 그러다가 물이 조금이라도 식었다 싶으면 온 힘을 다해 비명을 질러댔다. 그러면 우리는 만족스러운 서비스를 제공하기 위해 부리나케 부엌으로 달려가서 따뜻한 물을 가져왔다. 크리스토퍼는 따뜻한 기운이 피부에 느껴지고 나서야 비로소 우리의 실수를 용서해주었다.

얼마 지나지 않아 다른 아이들도 꿀꿀이 스파를 구경 오기 시작했다. 아예 정기적으로 놀러오는 친구도 있었다. 특히 우리가 좋아한 이웃이 있었는데 이들은 아이오와주에 사는 손주들이 찾아오면 꼭 우리 집에 데려왔다. 아이오와주에도 돼지는 많지만, 스파를 즐기는 돼지는 처음 보았을 것이다. 명랑한 십대 소녀인 켈리도 항암치료가 끝나면 꼭 우리 집에 들렀다. 그 당시 크리스토퍼는 코로 툭 쳐서 장작더미를 우르르 쓰러뜨릴 정도로 우람하고 힘이 셌다. 하지만 켈리를 대하는 태도만큼은 굉장히 부드러웠다. 매사추세츠주에 사는 두 소년은 크리스토퍼를 위해 남은 음식을 며칠 동안 꽁꽁 얼렸다가 핸콕까지 가져왔다. 하루는 초콜릿 도넛을 가져와서 크리스토퍼와 다른 아이들에게 나눠주었다. 그날 나는 생애 처음으로 아이들과 노는 것이 얼마나 즐거운지 배웠다.

이런 날이 계속 이어지길 바랐다.

한편 릴라가 상담사가 되기 위해 대학원에 진학하자 케이트와 제인은 방과 후에 우리 집에 와서 엄마를 기다렸다. 하워드는 제인을 축구교실에 데려다주었고, 나는 케이트의 숙제를 봐주었다. 겨울이 되자 하워드는 릴라가 집에 돌아와도 추위에 떨지 않도록 그 집에 난로를 손수 만들어주었다. 답례로 릴라는 우리에게 저녁을 대접했다. 우리는 두 아이를 데리고 현장학습도 갔다. 크리스토퍼가 살던 농장도 방문하고, 닭장에서 잡은 스컹크를 놓아주려고 자연보호구역에도 갔다. 버몬트주에서 열린 천문학 박람회에 가서 텐트를 치고 하룻밤 자기도 했다. 우리는 함께 휴가를 보내고, 쿠키를 굽고, 책을 읽었다.

케이트와 제인은 닭장에 생긴 변화를 우리보다 먼저 알아챘다. 예전에는 분명 암탉들이 우리 안에 얌전히 들어앉아 있었다. 그런데 어느 날부터 돌담을 넘어 두 집의 마당을 제 구역인 양 활개치고 다녔다. 아마 암탉도 알았나 보다. 비록 우리와 릴라네가 피를 나눈 친척은 아닐지라도 크리스토퍼 호그우드 덕분에 한집이나 다름없는 사이가 되었다는 사실을 말이다.

✳

크리스토퍼는 허리둘레가 두꺼워지는 만큼 인기도 많아졌다. 다섯 살에는 무려 317킬로그램에 달했다. 온 동네 사람들이 음식을 갖다 바쳤으니 놀랄 일도 아니었다. 우리 동네 우체국장은 남은 채소를 모아두었다가 우리 집 우편함에 넣어놓고, 우리가 알아볼 수 있도록 노란색 카드를 꽂아두었다. 옆 동네 치즈가게 주인은 빵 껍질, 망한 수프, 토마토 꼭지와 꽁다리 등 엄청난 양의 음식을 손수 돼지우리까지 배달해주고, 크리스토퍼가 먹는 동안 오페라까지 불러주었다. 그밖에도 많은 이웃이 사과, 엄청나게 크게 자란 애호박, 치즈를 만들고 남은 유청 등을 보내주었다.

크리스토퍼는 해외에도 팬이 있었다. 내가 치타, 눈표범, 백상아리 연구로 여행을 다닐 때마다 새로 사귄 친구들에게 나의 멋진 돼지인 크리스토퍼의 사진을 보여주었기 때문이다. 물론 집에서도 인기투표를 하면 언제나 크리스토퍼가 1등을 차지했다.

도대체 크리스토퍼 호그우드의 매력이 무엇이기에 모두가 그에게 빠져드는 것일까? 이 질문에 릴라는 다음과 같이 결론을 내렸다. "크리스토퍼는 위대한 부처 같아요. 우리에게 사랑하는 법을 가르쳐주잖아요. 우리에게 주어진 삶을 사랑하도록 말이에요. 비록 그것이 음식물 쓰레기일지라도."

정말 그랬다. 크리스토퍼는 사람들이 주는 모든 음식을 사랑했다. 꿀꿀이 스파의 따뜻한 비눗물을 사랑했고, 부드러운 귀털을 다정하게 쓰다듬는 작은 손들을 사랑했다. 자신과 함께 있어 주는 사람들을 사랑했다. 아이거나 어른이거나, 건강하거나 아프거나, 대담하거나 수줍음이 많거나, 수박껍질과 초콜릿을 가져오거나 빈손으로 와서 귀 뒤를 쓰다듬거나 상관없이 모두를 반갑게 맞이했다. 이러하니 어느 누가 그를 사랑하지 않고 배기겠는가?

우리 꿀꿀이 부처의 갈라진 발굽을 매일같이 들여다보고 있노라면 세상의 풍족함을 음미하고 즐기는 법이 절로 깨우쳐졌다. 피부에 내리쬐는 햇살의 따사로움과 아이들과 노는 즐거움도 배웠다. 거대한 몸만큼 드넓은 마음을 마주하고 있으면 내 슬픔이 상대적으로 작게 느껴졌다. 평생 이사만 다니다가 한 집에 정착하도록 도와준 이도 크리스토퍼였다. 우리 부모님이 절연을 선언했을 때도 내게 진짜 가족이 되어주었다. 유전이나 혈연으로 엮인 가족이 아니라 사랑으로 이어진 진짜 가족 말이다.

4장

세상을 다시 바라보다
_타란튤라 '클라라벨'

나는 정글 한가운데 웅크리고 앉아서 야생동물이 굴에서 튀어나오길 하염없이 기다렸다. 얼굴에는 땀이 폭포처럼 흘렀다.

몇 시간 전에 남아메리카 북부에 위치한 프랑스령 기아나에 발을 디뎠다. 포토그래퍼인 닉 비숍도 함께했다. 우리는 비행기를 타고 맹그로브 늪이 모자이크처럼 수놓아진 거대한 극상림(숲의 천이 과정 중 생태계가 기후조건에 맞게 성숙되고 안정화된 숲의 마지막 단계)을 넘어갔다. 사람의 손이 닿지 않은 열대우림이 무성한 이곳은 인디애나주만큼 넓은데 주민 수는 겨우 15만 명이다. 밤에 도착하면 칠흑 같은 어둠뿐이라는 경고를 들은 터라 일부러 낮 시간

타란툴라 '클라라벨'

에 맞춰서 도착했다. 우리는 도착하자마자 오하이오주 히람시에서 온 생물학자 샘 마셜과 함께 트레저Trésor 자연보호구역으로 출발했다.

나는 자료조사차 세 개 대륙의 정글을 탐험하면서 호랑이, 사자, 곰을 만나는 일에 익숙해졌다. 하지만 이번 탐험은 달랐다. 우리가 찾는 대상은 이곳 생태계의 최상위 포식자였다. 그것도 같은 생물학적 분류군 중에서 가장 몸집이 크고 위압적인 대상, 바로 거미였다!

'정글의 여왕'. 샘은 우리가 찾는 거미 종을 이렇게 표현했다. 골리앗 버드이터는 지구상에서 가장 큰 타란툴라다. 몸집이 큰 암컷은 무게가 113그램까지 나간다. 머리는 살구 크기만큼 자라고, 다리를 펼치면 사람 얼굴을 충분히 감쌀 정도로 길다. 샘이 이번에 찾아낸 골리앗 버드이터가 거미굴에서 튀어나오는 순간 긴 다리로 내 얼굴 전체를 덮어버릴지도 모른다.

이런 생각에 마음이 불안해졌다. 아무리 타란툴라의 독이 건강한 성인에게 치명적이지 않다고 하지만, 1센티미터가 넘는 검은 송곳니로 물면 살갗이 찢어질 게 분명하다. 게다가 사냥감을 마비시키는 독을 쓰기라도 하면 하루 종일 구역질, 식은땀, 통증으로 고생할 게 분명하다.

그래도 우리의 빨간 머리 원정대장은 땅에 엎드려 얼굴을 거미 굴에 바싹 갖다댄 채 애타게 거미를 불렀다. "이리 나와 봐! 널 만나고 싶단 말이야!" 샘은 거의 애원하듯 외쳤다. 그리고 나뭇가지를 흔들어서 곤충이 꿈틀거리는 흉내를 냈다. 골리앗 버드이터는 'birdeater(새를 잡아먹는 자)'라는 이름과 달리 새보다 곤충을 선호했다. 샘이 나뭇가지를 흔들자 거미가 더듬이다리로 나뭇가지를 붙잡았다. 더듬이다리란 거미의 머리 앞에 달린 다리로 촉각을 느끼고 먹이를 잡는 기능을 한다.

"힘이 꽤 센데요!" 샘이 말했다. 헤드랜턴 덕분에 암컷임을 확인할 수 있었다. 암컷 타란툴라는 보통 수컷보다 몸집이 크며 그중 30년까지 사는 종도 있다. 샘이 나뭇가지를 좀 더 세게 흔들었더니 굴속에서 쉭쉭대는 소리가 났다. 골리앗 버드이터는 앞다리 안쪽의 엷은 털을 비벼서 이런 위협적인 소리를 낸다. 나뭇가지가 통한 것이다! 샘이 소리쳤다. "이제 나온다!"

거대한 거미가 쏜살같이 굴 밖으로 튀어나왔다. 샘이 우리에게 신호를 보내고 1초도 안 되어서 벌어진 일이었다. 여덟 개의 다리는 각각 일곱 마디로 이루어져 있는데 다리 끝의 발 마디에 해당

하는 부절('발목마디'라고도 하며, 절지동물인 곤충류·다지류·거미류 몸
통에 가지처럼 부착된 기관의 앞쪽 끝 마디. 곤충이나 거미는 그 끝에 발톱이
나 조간반이 달려 있어 걸을 때나 다른 물체를 잡을 때 중요한 역할을 한다)
마다 발굽같이 두 갈래로 갈라진 발톱이 달려 있어서 낙엽을 밟을
때마다 툭툭거리는 소리가 크게 울렸다. 머리는 작은 키위만 했
고, 배는 감귤만큼 컸다. 샘은 거미가 두 살일 거라며 아직 다 자
란 게 아니라고 알려주었다. 어린 거미는 겁도 없이 눈 깜짝할 사
이에 10~12센티미터 앞으로 돌진해왔다. 그러나 밖에서 기다리는
것은 자신보다 4,000배 더 무거운 괴물 셋뿐이었다.

거미는 먹이가 없음을 알아채고 재빨리 굴 입구로 돌아갔다. 온
감각이 비상사태를 감지했다. 눈이 여덟 개나 있지만 눈까지 동원
할 필요도 없었다. 발로 냄새를 맡을 수 있으니 말이다. 발과 다리
에 난 특수한 털은 맛도 느낄 수 있다. 그리고 몸에서 뽑아낸 실로
굴 입구에 거미줄 매트를 만들어놓았는데 그 위에 서 있으면 아무
리 작은 곤충의 움직임도 떨림을 통해 잡아낼 수 있다.

샘은 거미가 우리의 존재를 알아챘다고 확신했다. 하지만 우리
를 무서워하지 않았다. 거미와의 만남은 호랑이를 만났을 때만큼
깊은 인상을 남겼다. 그러나 아직은 거미보다 호랑이에 관한 지식

이 더 많았다. 여태껏 수많은 거미를 보았지만, 거미와 제대로 마주한 것은 처음이었다. 또 하나의 변화가 시작되고 있었다.

"공격한다! 공격한다! 공격한다!" 닉과 나는 옆에 쪼그리고 앉아 있었고, 샘이 두 번째 골리앗 버드이터의 굴을 헤드랜턴으로 비추며 상황을 중계해주었다. 거미가 샘의 막대기를 공격하고 있었다. "물러섰다가… 다시 공격해요!"

샘이 실망한 목소리로 말했다. "밖으로 나와서 놀 생각이 없나 봐요. 앞다리를 치켜든 걸 보니 내가 별로 달갑지 않나 봐요." 타란툴라는 위협을 받으면 뒷다리로 서서 가라테 검은 띠선수가 손날치기를 하듯 앞다리를 높이 쳐든다. 그리고 검고 긴 송곳니를 드러내는데 한쪽에서 독이 흐를 때도 있다.

샘은 일단 거미굴 입구에서 얼굴을 뗐다. 거미한테 물리는 게 두려워서가 아니다. 그는 지난 20년간 타란툴라를 연구하면서 단 한 번도 물린 적이 없었다. "이제 거미가 털을 날릴 거예요." 샘이 말했다. 골리앗 버드이터는 화가 나면 적을 무는 대신 뒷다리로 배털을 차서 날린다. 털이 적의 눈, 코, 피부에 닿으면 통증과 가려움이 몇 시간 동안 지속된다.

더 이상의 가려움은 사절이었다. 거미굴을 찾아다니는 이틀 동안 진드기 같은 무척추동물에게 왕창 물려서 이미 충분히 가려운 상태였기 때문이다. 샘은 자신의 거미연구소가 있는 오하이오주의 숲보다 여기가 그마나 나은 편이라고 말했지만, 우리는 매일 밤 알레르기 치료제인 항히스타민제와 진통제를 먹고 가려움, 부기, 근육통을 견뎌야 했다.

닉과 나는 하루하루가 흥미진진한 만큼 육체적으로는 힘들었다. 프랑스령 기아나에 온 지 3일째 되는 날, 내가 연구일지에 쓴 내용이다. "온몸이 쑤시고 땀과 먼지 범벅이다. 온몸에 진드기가 어찌나 많은지 이제는 굳이 잡으려고도 하지 않는다."

보통 골리앗 버드이터의 굴은 경사가 45도 이상 기울어진 비탈길에 있는데 거대한 젖은 낙엽과 썩은 나무가 뒤덮인 탓에 밟고 올라서기가 매우 미끄러웠다. 살갗을 뚫을 정도로 날카로운 가시나무에도 자주 찔렸다. 이 숲에 가시나무라고는 야자나무와 가시덩굴 두 종류밖에 없다. 그런데도 온도가 섭씨 32.2도에 육박하고 습도는 90퍼센트에 이르는 고온다습한 환경이어서 작은 상처도 순식간에 심하게 감염되었다. 특히 갈색 잎은 말벌집이 있을 가능성이 커서 항상 경계 대상이었다. 샘은 결국 탐험 이틀째에 말벌에 쏘였다. 게다가 낙엽과 쓰러진 나무 밑에는 치명적인 독을 품은 큰삼각머리독사가 숨어 있었다.

그래서 하루가 끝나고 숙소가 있는 에메랄드 정글 빌리지 자연보호센터로 돌아갈 시간이 되면 그렇게 반가울 수가 없었다. 독일 박물학자 욥 무넨과 그의 아내가 운영하는 센터로, 양철지붕에 벽을 하얗게 칠한 손님용 숙소가 있었다. 여기에는 선풍기, 따뜻한 물이 나오는 샤워실, 모기장이 설치된 안락한 침대가 구비되어 있었다. 숙소 밖에 넓게 펼쳐진 마당으로 나가면 토종 열대우림 식물이 가득한 인상적인 정원으로 이어졌다.

역시 숙소에서 가장 좋은 점은 안락한 시설의 주변 곳곳에 동물들이 있다는 것이었다. 심지어 내 방에도 있었다. 꼬리가 푸른 도마뱀의 일종인 도마뱀붙이가 내벽과 외벽을 물방울처럼 오르락내리락 기어 다녔다. 샤워실에는 두꺼비가 살고 있었다. 하루는 아침에 눈을 떴는데 작은 뱀 한 마리가 내 신발 안에 숨어 있다가 똬리를 풀고 나와 스스륵 기어가는 모습을 침대에 누워 지켜본 적도 있었다.

샘은 혹시 타란툴라가 집 안에 있지 않을까 하는 기대감에 숙소

구석구석을 샅샅이 뒤졌다. 그러다가 결국 자기 방 베란다에 있던 아나나스(파인애플과 식물, '브로멜리아'라고도 한다) 화분에서 한 마리를 찾아냈다.

"이것 봐요! 기아나 핑크토(타란툴라의 일종)예요!" 어느 날 오후에 샘이 닉과 나를 불렀다.

"펜 좀 빌려줄래요?" 샘이 내게 말했다. 펜으로 메모를 하려는 게 아니었다. 샘은 파인애플처럼 뾰족하게 생긴 잎 사이로 펜을 넣어서 타란툴라를 톡하고 부드럽게 쳤다. 그랬더니 어린아이 주먹만 한 거미가 자기 앞에 놓인 샘의 손으로 쏙 들어왔다.

"사이, 손에 한번 올려볼래요?" 샘이 물었다.

거미에 대한 공포를 갖고 태어나는 사람은 없다. 이는 수많은 심리 테스트를 통해 증명된 사실이다. 그러나 거미공포증은 그 자체로 워낙 쉽게 유발된다. 어린아이나 동물이 특정 대상을 두려워하게 하는 일은 어렵지 않다. 무해한 꽃이라도 말이다. 그러나 사람과 원숭이를 대상으로 한 실험에서 식물보다는 거미와 뱀에 대한 공포를 더 빨리 습득하는 것으로 드러났다.

나 역시 여느 미국 어린이처럼 어릴 때부터 거미가 나쁜 역할로 등장하는 이야기를 많이 듣고 자랐다. 그리고 커서도 마찬가지였

거미에 대한
공포를 갖고
태어나는 사람은 없다.

다. 몸 어딘가에 붉게 솟아오른 자국을 발견하고 병원에 가면 의
사들은 거미에 물렸다는 진단을 내렸다. 샘은 이것이 잘못된 진단
이라고 강조했다. 이런 식으로 거미에 대한 잘못된 인식이 형성된
다. 거미는 건드리지 않아도 무조건 물며 침대는 물론 집 안 곳곳
에 도사리고 있다는 식으로 말이다.

우리 엄마는 특히 검은과부거미를 조심하라고 누누이 말했다.
들리는 소문에 의하면 검은과부거미의 독은 방울뱀보다 15배 더
치명적이라고 한다. 호주에서는 붉은배과부거미(암컷의 복부 등쪽
에 붉은 줄무늬가 있고 강한 독성이 특징이다)를 조심하라는 말을 많이
들었다. 검은과부거미와 같은 과인데 화장실 변기 같은 어두운 장
소를 좋아해서 사람들이 자주 물린다고 했다. 이러한 정보들이 내
머릿속에 저장되어 있는데 샘이 살아 있는 야생 타란툴라를 내 손
에 올려놓지 않겠냐고 제안한 것이다.

고개를 내려보니 대답도 하기 전부터 내 손이 먼저 나가 있었다.
샘이 펜으로 엉덩이를 톡 밀자 거미가 복슬복슬한 검은 다리 한쪽
을 길게 뻗었다. 그렇게 한 다리 한 다리 움직여서 내 손 위로 올
라왔다. 발끝에 발굽처럼 두 갈래로 갈라진 발톱이 있어서 까끌까
끌한 촉감이 살짝 느껴졌다. 어릴 때 좋아했던 왜콩풍뎅이를 만지

는 기분이었다. 거미는 감탄하며 바라보는 나를 얌전히 기다려주
었다. 거미의 털은 아름다운 흑옥색이었는데, 발끝은 고급 페디큐
어를 받은 것처럼 귀여운 옅은 분홍색이었다. 그래서 이름도 핑크
토(분홍색 발가락)였다. 핑크토는 성격이 순하다고 알려져 있는 데
다가 사람을 물지도 않고 배털도 자극적이지 않다.

  거미가 걷기 시작했다. 앞다리부터 천천히 내딛으면서 내 오른
손에서 왼손으로 넘어갔다. 나의 첫 애완 거북이였던 미즈 옐로
아이즈처럼 말이다. 몸무게도 미즈 옐로 아이즈와 비슷했다.

  그 순간 나는 마법 같은 경험을 했다. 내 손에 올려놓은 존재와
교감하는 느낌이 들었다. 핑크토가 큰 거미가 아니라 작은 동물로
보였다. 물론 핑크토는 둘 다에 해당한다. '동물'은 포유류 말고도
조류, 파충류, 양서류, 곤충, 물고기, 거미 등을 모두 아우르는 개
념이니 말이다.

  그런데 털이 복슬복슬해서 얼룩다람쥐 같기도 하고, 몸집도 꽤
커서 만지기에도 워낙 좋다 보니 핑크토가 이전과 다른 존재로 느
껴졌다. 내 손위의 핑크토는 유일무이한 존재였고 내 보살핌 아래
에 있었다. 신중하고 느릿하게 내 손 위를 기어 다니는 모습을 보
고 있자니 애정이 솟구쳤다.

갑자기 핑크토가 속력을 내기 시작했다. 무엇을 하려는 걸까?

"이렇게 속력을 낼 때가 있어요. 그러고는 몸을 단단히 웅크렸다가 뛰어오르죠." 샘이 말했다. 연구실에서 비슷한 상황이 발생하면 그는 학생들한테 뒤로 물러나 있으라고 한다. 거미가 뛰어올라 얼굴에 달라붙기를 원치 않는다면 말이다. 핑크토는 보통 건물의 처마, 덤불, 파인애플과 식물의 굴곡진 잎에 거미집을 짓고 사는데, 위협을 받으면 머리를 높이 쳐든다.

나는 긴장되기 시작했다. 솔직히 부들부들 떨릴 정도로 너무 불안했다. 내 얼굴에 달라붙을까 걱정되어서가 아니었다. 내 손에서 뛰어내렸다가 베란다 타일에 부딪쳐 이 아름답고 순한 동물이 다칠까 싶어서였다. 실제로 거미는 뼈대가 몸 바깥에 있기 때문에 높은 데서 떨어지면 외골격이 부서질 위험이 있다. 이 아름다운 생명체가 목숨을 잃는다면 모두 내 탓이었다.

"원래 자리로 돌려놓는 게 낫겠어요." 내가 샘에게 말했다. 나는 핑크토를 다시 샘의 손에 올려놓았다. 샘이 거미를 아나나스 화분에 놓아주자 거미줄로 만든 집으로 쏙 들어가 버렸다.

✱

그날 거미굴 조사를 마치고 밤이 되어서 집에 돌아오니 핑크토는 여전히 그곳에 있었다. "우리에게 애완 타란툴라가 생긴 것 같은데요." 샘은 이렇게 말하고는 클라라벨이라는 이름을 붙여주었다. 예쁘고 고상한 아가씨에게 정말 잘 어울리는 이름이었다.

샘은 타란툴라가 나무와 땅에 은신처를 짓고 막 뽑아낸 거미줄로 내부를 덧대는 모습이 "작은 주부 같다"고 설명했다. "영락없는 마사 스튜어트예요!" 샘이 말했다. 보통 거미는 더럽고 지저분한 '벌레'라는 인식이 강한데, 사실 타란툴라는 고양이 못지않게 깔끔하다. 먼지 한 톨 없이 꼼꼼하게 몸을 단장하고 송곳니를 빗살처럼 이용해서 다리털을 빗는다.

클라라벨에 대한 우리의 애정은 날이 갈수록 커졌다. 우리는 아침저녁으로 클라라벨이 잘 있는지 들여다보았다. 타란툴라는 적에 대비해 잘 무장하는 편이지만 그래도 피치 못하게 당할 때도 있다. 특히 굶주린 원숭이나 드물지만 사나운 긴코너구리처럼 손가락을 자유자재로 잘 쓰는 포유동물은 타란툴라의 털 날리기 공격이 통하지 않는다. 거미를 굴에서 끄집어내 잡아먹는다. 새 중에도 천적이 있다. 타란툴라호크라는 벌새만 한 암컷 말벌은 침을 쏘아 타란툴라를 마비시킨 후 살 속에 알을 낳는다. 애벌레가 부화하면 살아 있는 거미의 살을 먹고 자란다. 나는 한낮에도 클라라벨이 걱정되었다. 그래서 숙소에 돌아가 아나나스 화분에 편안히 있는 모습을 봐야만 마음이 놓였다.

나는 궁금했다. 과연 클라라벨은 우리를 알까? "거미도 사람처럼 성격이 다 달라요." 샘은 이렇게 말하며 우리를 안심시켰다. 샘은 열네 살 때부터 타란툴라를 키웠고, 오하이오주의 연구실에는 약 500마리의 타란툴라가 있다. 샘은 다년간 거미와 소통하면서 같은 종 안에서도 조용한 성격이 있는가 하면 예민한 성격도 있다는 사실을 알게 되었다. 그중에는 시간이 흐르면서 행동이 바뀌거나 샘이 나타나면 얌전해지는 거미도 있었다. 이후에 나는 닉과 함께 샘의 타란툴라 연구소를 방문했다. 연구소의 한 학생은 샘이 연구실에 등장하면 거미들이 평소와 다르게 행동한다는 사실을 발견했다. 타란툴라는 태생적으로 사물을 보지 못한다. 그런데도 샘이 방에 들어서기만 하면 테라리엄 속의 타란툴라 500마리가 모두 샘 쪽으로 몸을 돌렸다. 오직 샘에게만 그런 반응을 보였다.

시간이 흐를수록 클라라벨이 우리 앞에서 얌전해지는 것을 알
수 있었다. 아니면 우리가 클라라벨에게 길들여진 것일 수도 있
다. 우리도 모르게 거미 앞에서 조용조용하게 행동하고 그녀를 들
때도 불편하지 않은 자세를 취하도록 말이다. 우리 셋은 이 작은
야생동물과 친밀하게 소통하는 일이 무척이나 즐거웠다. 클라라
벨 덕분에 에메랄드 정글 빌리지가 내 집같이 정겹게 느껴졌다.

하루는 닉이 클라라벨에게 여치를 던져주고 그녀가 사냥감을
먹어치우는 모습을 사진으로 남겼다. 보통 거미는 먼저 사냥감에
게 독을 주입해서 마비시킨다. 그런 다음 몸속에서 액체를 뿜어내
먹이를 액화한 후 완전히 빨아먹고 남은 껍질은 버린다. 하지만
타란툴라는 먹는 방식이 완전히 다르다. 클라라벨은 송곳니 뒤쪽
이빨로 사냥감을 으깨어 가루로 만들어버렸다. 나는 친근한 귀뚜
라미의 친척뻘인 여치가 불쌍하기는 했지만, 클라라벨에게 무언
가를 줄 수 있다는 게 기뻤다. 우리가 그녀에게 받은 것이 더 많
았기 때문이다. 클라라벨은 우리에게 거미계의 외교사절단과 다
름없었다.

✳

프랑스령 기아나를 떠나는 날 아침, 샘은 클라라벨을 플라스틱 상자에 넣었다. 이번 원정의 마지막 목적지인 트레저 자연보호구역에 함께 데려갔다가 다시 이곳으로 돌아와서 그녀를 처음 발견한 아나나스 화분에 놓아줄 계획이었다. 이에 앞서 샘은 어리지만 중요한 사람들과 클라라벨의 만남을 주선했다.

그들은 정글로 들어가는 초입에서 우리를 기다리고 있었다. 근처의 로우라 마을에서 학교를 다니는 아홉 명의 아이들로 나이는 만 6세에서 10세까지 다양했다. 욥은 아이들에게 프랑스어로 샘을 소개해주었다. "오늘 우리가 만날 분은 바로 마셜 박사님이란다." 하지만 정작 샘은 진짜 주인공을 소개해주고 싶어서 안달이었다. 샘은 배낭에서 박스를 꺼내 조심스럽게 뚜껑을 열었다. 복슬복슬한 다리 하나가 박스 가장자리로 툭하고 올라왔다. 클라라벨은 나머지 다리도 차례로 움직여 샘의 손바닥에 얌전히 올라섰다.

"누가 만져볼래?" 샘이 아이들에게 물었다. 한동안 아무도 입을 열지 못했다. 앞서 한 여자아이는 거미가 무섭다고 고백하기도 했다. 그때 야구모자를 쓴 열 살짜리 남자아이가 손을 번쩍 들었다. 샘은 남자아이에게 클라라벨이 올라올 수 있게 손바닥을 펼치라고 알려주었다. 클라라벨이 얼마나 우아하고 조심스럽게 움직이던지 다른 여덟 명의 아이들도 일제히 손바닥을 내밀었다. 거미가 무섭다고 말했던 여자아이까지 말이다.

닉은 그날 우리 책에 들어갈 사진을 여러 장 찍었다. 그중에서도 아이들의 손을 찍은 사진이 있는데 나는 아직도 이 사진이 제일 마음에 든다. 발을 내딛는 거미를 받으려고 갈색, 분홍색 고사리손을 오목하게 만든 모습이 정말이지 사랑스럽다. 그중에 몇 명은 거미가 무섭다고 했는데도 말이다. 여자아이 셋이 손을 모아 이어붙인 사진도 있다. 클라라벨이 그 위를 지나갈 수 있게 길을 만들어준 것이다. 온 신경을 집중해서 거미를 바라보는 아이들의 눈에는 경외심이 담겨 있다. 아이들은 이 작고 매력적인 동물만이 가져다줄 수 있는 평안함과 충만함으로 한껏 느긋해진 표정을 하고 있다. 그들은 완전히 새로운 시선으로 야생동물을 바라보게 된 것이다. 그날 나는 깔끔하게 머리를 땋은 여자아이가 조용히 혼잣말하는 것을 들었다. "이 괴물, 너무 아름답다."

클라라벨이 내게 손길을 허락한 순간 나는 예전에는 몰랐던 거미의 세계로 빠져들었다. 큰 몸집은 그녀의 장엄함을 나타내는 여러 면모 중 하나에 불과했다. 클라라벨은 다른 모든 거미처럼 초능력을 가졌다. 타란툴라는 외골격이 있어서 몸을 키우기 위해 주기적으로 탈피를 한다. 심지어 입, 위, 허파까지 탈피한다. 다리를 다치면 그냥 뽑아서 먹어버린다. 그러면 그 자리에 새로운 다리가 자라난다. 자신의 몸에서 거미줄을 뽑아내는데, 액체를 고체로 바꾸는 과정을 거쳐 목화보다 부드럽고 철보다 강한 실을 만들어낸다.

　이런 재능을 가진 생명체가 우리 집에도 그렇게 많았는데 그동안 무심코 지나쳐버렸다. 핸콕에 있는 우리 집 지하에도 다리가 길쭉하고 우아한 유령거미cellar spiders들이 살았다. 거꾸로 매달려 있는 유령거미를 건드리면 거미줄이 덜덜덜 떨렸다. 장작더미에는 깡충거미jumping spiders가 있었다. 시력이 매우 뛰어나서 우리를 보면 마구 뛰어다녔다. 헛간에도 거미가 많이 살았다. 언젠가 거미 한 마리가 크리스토퍼의 우리 한쪽에 거미줄을 친 것을 보고 《샬롯의 거미줄》의 한 장면이 떠올랐다. 물론 나는 한 번도 거미를 해친 적이 없다. 우리 농장 집을 자주 청소하는 편도 아니어서 거미줄을 망가뜨리는 일도 별로 없었다. 욕조나 베개처럼 곤

란한 장소에 나타나면, 작은 컵으로 조심스럽게 잡아서 밖에 풀어주었다.

그동안 거미에 대해 깊이 생각해본 적이 없었다. 너무 작아서였을까? 아니면 너무 흔해서? 내가 잘 아는 조류, 포유류, 파충류와는 너무 다른 무척추동물이어서 그랬을까?

그러나 지금은 클라라벨 덕분에 평범한 우리 집 모퉁이마저도 마법 같은 장소가 되었다. 새롭게 자각한 세상은 생각보다 훨씬 더 생명력이 넘쳤으며, 우리가 삶을 사랑하듯 자신의 삶을 사랑하는 작은 생명체의 풍성한 영혼으로 가득 찬 공간이었다.

5장

순수함, 강함, 완전함으로 무장하다
_크리스마스 족제비

크리스마스 아침이 되면 암탉들에게 잔칫상을 차려준다. 그해에도 암탉들에게 갓 튀긴 팝콘을 한가득 가져다주는 것으로 휴일의 아침을 열었다. 테스는 집 안에서 선물로 받은 개껌을 씹었고, 크리스토퍼는 우리에서 사료를 쩝쩝 먹고 있었다. 그런데 그날 아침에 예기치 못한 슬픈 일이 일어났다. 미국 토종닭의 혈통을 이어받은 우리 흑백색 암탉 중 한 마리가 닭장 한구석 파인 구멍 속에 머리가 끼여 죽은 채로 발견된 것이다.

나는 몸을 숙여서 죽은 암탉의 노란 다리를 잡아 올렸다. 그런데 무언가, 아니 누군가가 암탉의 머리를 꽉 잡고 늘어졌다. 나는

북방족제비 '크리스마스 족제비'

잡아당기고 또 잡아당겨서 겨우 암탉을 구멍에서 빼냈다. 곧이어 구멍에서 머리 하나가 쏙 튀어나왔다. 머리는 호두알보다 작고 눈은 칠흑 같으며 코는 분홍색인 북방족제비였다. 그런데 입 주변의 흰 털이 진홍색 피로 얼룩져 있었다. 눈처럼 털이 흰 작은 족제비는 내 눈을 똑바로 쳐다보았다.

족제비를 실제로 본 것은 이때가 처음이었는데 형언할 수 없이 아름다웠다. 눈, 구름, 바다 물거품에 비할 수 없을 정도로 깨끗한 흰 털은 처음 보았다. 너무 하얘서 천사의 옷처럼 빛났다. 하나님이 천사의 옷을 족제비 털로 만든 게 분명했다. 그런데 이보다 더 인상적인 것은 족제비의 눈빛이었다. 두려움이란 전혀 없는 대담무쌍한 눈빛에 심장이 덜컹 내려앉았다. 키는 내 손바닥 길이만 하고, 무게는 동전 한 줌을 조금 넘을까 싶은 몸으로 내게 도전하려 겁도 없이 구멍에서 나오다니. 자신보다 훨씬 더 큰 내 키가 위협적으로 느껴질 만도 한데 말이다. '내 닭을 갖고 뭐하는 거야? 이리 돌려줘!' 칠흑 같은 눈이 내게 이렇게 말했다.

물론 나는 이것이 내 닭이라고 생각했다. 친구가 선물해준 첫 암탉들을 손수 길렀듯이 이 암탉도 알에서 부화한 햇병아리 시절부터 내가 직접 길렀다. 부화한 지 이틀이 지나도록 몸을 둥글게 말고 있던 햇병아리들은 우리 집에 마련한 내 사무실에서 함께 자랐다. 내가 책상에 앉아서 글을 쓰면 정겹게 내 무릎과 어깨에 올라오거나 대팻밥과 깃털을 날리며 바닥을 우르르 뛰어다녔다. 때로는 컴퓨터 키보드 위에 올라서서 나 대신 글을 쓰기도 했다.

이러한 양육환경 덕분에 암탉들은 살가운 보살핌 속에서 자랐다. 나중에는 암탉의 본거지를 내 사무실에서 헛간의 닭장으로 옮겼다. 그리고 암탉들을 마당에 풀어놓고 자유롭게 돌아다니게 했더니 하워드와 내가 집 밖으로 나올 때마다 우르르 몰려들었다. 마치 록스타가 된 기분이었다. 우리 옆에 앉아서 머리를 쓰다듬거나 안고서 볏에 뽀뽀해주길 기다렸다.

암탉들은 크리스토퍼 호그우드가 목줄을 하고 산책에 나서면 함께 어울렸다. 가끔 크리스토퍼가 남긴 음식 찌꺼기를 몰래 먹기도 했다. 테스가 나타나도 크게 동요하지 않았다. 테스는 주로 원반을 쫓는 데만 정신이 팔려 있었기 때문이었다. 하워드와 내가 밭일을 할 때도 졸졸 쫓아다니면서 경쾌한 목소리로 끊임없이 조잘댔다. '나 여기 있어요. 어디 가요? 지렁이가 있나요? 아, 벌레군요! 저한테 주세요!'

저녁이 되어 닭장에 몰아넣고 빗장을 걸어두면 암탉들은 푸다닥

날아서 횃대 위로 올라갔다. 각자 자리가 정해져 있었는데 보통
친한 친구들끼리 붙어서 잤다. 자기 전에 내가 쓰다듬어주면 꼬꼬
댁 꼬꼬꼬 하며 만족스러운 울음소리를 냈다. 내게는 그 소리가
자장가처럼 들렸다.

　이번에 죽은 암탉은 우리와 가장 오랜 시간을 보낸 아이였다.
그 녀석은 어린 병아리들에게 릴라네와 함께 쓰는 우리 공간이 어
디까지인지 가르쳤고, 길을 건너면 안 된다고 알려주었다. 그리고
매를 발견하면 모두를 안으로 불러들였다. 우리에게도 가장 열정
적으로 쓰다듬고 먹이를 달라고 졸랐으며, 여름에 우리가 마당에
서 식사를 하려고 커다란 은단풍나무 아래 놓아둔 식탁 옆의 접이
의자에 종종 올라가는 버릇도 있었다.

　내 손에 안아 올린 암탉은 여전히 따뜻했다. 녀석을 죽인 살해
범이 바로 내 눈앞에 있었다. 내가 분노를 참지 못하고 복수를 했
을 거라고 생각하는 사람도 있을 것이다. 사실 예전에는 그랬다.
유치원 첫날이었는데 어떤 남자아이가 통거미의 다리를 떼고 있
었다. 그래서 그 남자아이를 물어버렸다. 연락을 받은 우리 부모
님은 깜짝 놀랐고, 나는 불명예스럽게 귀가조치를 당했다.

　대학 때도 비슷한 일이 있었다. 내 전 남자친구의 룸메이트가

학교 당국에 남자친구에 대해 거짓말을 했다. 이 사실을 알고 몹시 화가 난 나는 그에게 따지러 갔다. 분노에 차서 계단을 오르는데 그 룸메이트를 맞닥뜨렸다. 골격은 새처럼 가늘고 몸집도 작은 내가 그의 멱살을 잡고 단번에 벽으로 밀쳐버렸다. 나 자신이 분노 때문에 이런 힘을 발휘했다는 사실이 충격적이었다.

　아직 어렸던 나는 분노가 두려웠다. 혹시 분노의 피가 내 속에 흐를까 봐 두려웠던 것 같다. 우리 아빠는 매우 존경받는 분이었는데, 부하직원이 우리 아빠가 너무 무서운 나머지 그 앞에서 기절까지 했다는 이야기를 들은 적이 있다. 그런 상황에서도 아빠는 안색 하나 변하지 않았다고 한다. 반면 엄마는 현기증을 일으킬 정도로 화를 잘 내는 편이었다.

　내가 고등학생 때 토요일 밤마다 우리 집 근처에서 모이는 성경 공부 모임에 남자친구를 초대한 적이 있다. 모임이 끝나면 남자친구의 부모님이 우리 집 쪽으로 남자친구를 데리러 오기로 했다. 그런데 때마침 우리 부모님이 저녁 약속이 있어 외출했다가 집으로 돌아왔다. 맹세하건대 우리는 절대 집 안에 들어가지 않았다. 그런데도 엄마는 우리를 보고 소리를 고래고래 지르며 화를 냈다.

　나는 평소에 부모님이 집에 없을 때 절대 남자애를 집에 들이

북방족제비의 털처럼
눈, 구름, 바다 물거품에
비할 수 없을 정도로
깨끗한 흰 털은

처음 보았다.
너무 하얘서
천사의 옷처럼 빛났다.

지 말라고 단단히 교육을 받았다. 그날도 남자친구를 집에 들어오
지 못하게 했다. 그런데 엄마는 내가 순결을 잃었는지 확인하려고
병원까지 데려가려고 했다. 다행히 아빠가 엄마를 잘 설득해서 그
지경까지는 가지 않았지만, 그 후로 꽤 오랫동안 남자친구도 못
만나고 성경공부 모임에도 나가지 못했다. 그 후 몇 년이 지나서
엄마가 왜 그리 화를 냈는지 알게 되었다. 당시 마티니를 몇 잔 걸
친 상태였던 엄마는 이웃사람들이 당신 딸과 남자애가 빈집 밖에
서 있는 모습을 보고 괜한 오해를 할까 봐 걱정한 거였다.

아빠가 암으로 쓰러지자 분노는 엄마를 집어삼켰다. 어느 날 오
후 엄마와 나는 아빠가 누워 있는 침대 맞은편에 앉아 있었다. 그
런데 별것 아닌 일로 돈 이야기가 나오자 엄마가 갑자기 가녀린
손가락을 갈퀴처럼 웅크리더니 내 얼굴을 향해 내리쳤다. 나는 재
빨리 엄마의 손목을 잡았다. 엄마가 어찌나 세게 내리쳤던지 내가
잡은 손목 부분에 멍이 들었다. 아빠는 나더러 엄마에게 사과하라
고 했다.

하지만 사랑하는 존재를 죽인 북방족제비에게는 전혀 화가 나지
않았다. 내 앞에 있는 존재는 세상에서 가장 작은 육식동물이다.
사자, 호랑이, 울버린 등 세계 모든 포식자의 맹렬함이 250그램도

채 되지 않은 이 작은 생명체 안에 응축되어 있는 것 같았다.

번개처럼 빠른 북방족제비는 공중에 뛰어올라 날아가는 새를 죽일 수도 있고, 나그네쥐(레밍)를 따라 굴속에도 들어갈 수 있다. 수영도 하고, 나무도 타고, 자신보다 큰 동물의 목을 물어서 죽인 다음에 질질 끌고 갈 수도 있다. 북방족제비는 하루에 5~10끼를 먹는다. 사육장에 사는 경우 몸무게의 4분의 1에서 3분의 1에 해당하는 양의 음식을 섭취해야 하고, 야생에서는 이보다 더 많은 양을 먹어야 한다. 특히 추운 겨울에는 훨씬 더 많은 양이 필요하다. 이러니 기회가 있을 때마다 눈앞의 사냥감을 죽일 수밖에 없는 것이다. 외골수적인 맹렬함이 오히려 이들에게는 영예로운 일이다.

북방족제비를 보자 문득 엄마의 행동이 이해가 되었다. 엄마는 나름의 방식대로 족제비처럼 사납게 행동했던 것이다. 엄마는 아칸소주의 작은 마을에서 우체국장과 얼음 장수의 외동딸로 태어났다. 엄마는 자라면서 세 가지 장벽에 부딪혔다. 첫째는 가난, 둘째는 시골에 산다는 것, 셋째는 여자로 태어난 것이었다. 그러나 여자아이에게 교육과 모험을 시키지 않던 시절에도 엄마는 비행기 조종법을 배우고, 대학에 진학해서 졸업생 대표로 뽑히고, 미국연방수사국FBI에 취직해서 장군과 결혼했다.

　어린 시절에 엄마는 집에서 닭들이 부엌 널빤지 밑의 흙을 파헤치는 모습을 보며 자랐다. 가끔 다람쥐를 사냥해서 먹기도 했다[엄마는 아직도 매번 이사하는 집마다 침실 옷장에 오래된 엽총을 보관한다]. 이후 부모님의 노력으로 집안 사정은 크게 달라졌다. 군대에서 보내준 사람들이 집을 청소하고 잔디를 깎아주고, 엄마가 파티를 열면 요리사가 음식을 요리했다. 남편은 간부급에게 지급되는 자동차, 요트, 비행기를 마음대로 타고 다녔다. 어린 나는 그런 아버지를 우러러보았다. 바탄 죽음의 행진(태평양 전쟁 기간, 일본군이 바탄 반도를 점령하여 7만 6,000여 명의 연합군 포로들을 학대하고 살해한 전쟁범죄 행위)의 생존자이자 훈장을 받은 전쟁 영웅인 아버지를 용기와 끈기의 모델로 삼았다. 하지만 엄마의 인생도 내 삶의 지침을 세우는 데 도움이 되었다. 인간으로서 할 수 있는 일이라면 나도 할 수 있다는 지침이었다. 엄마가 이루어낸 성취는 암탉을 쓰러뜨린 북방족제비만큼 놀라운 업적이었다.

　엄마는 그해 초 췌장암으로 돌아가셨다. 버지니아주 병원에서 엄마는 나의 손을 꼭 잡고 마지막 숨을 거두었다. 의사가 췌장암 말기라고 진단을 내린 이후 죽을 때까지 엄마는 단 한 번도 울거나 불평하지 않았다. 흰 족제비의 날카로운 검은 눈동자를 바라보면서 나는 나 자신이 얼마나 엄마를 존경하고 그리워하는지 깨달았다.

　북방족제비는 거의 30초 동안 나와 눈을 맞추더니 다시 구멍으로 쏙 들어가 버렸다. 나는 재빨리 집으로 달려가서 하워드를 데려오고 싶었다. 하지만 다시 돌아왔을 때 북방족제비가 계속 그자리에 있을까? 이제 더는 모습을 안 보여주진 않을까? 일단 암탉을 처음 발견된 장소에 내려놓고 한달음에 집으로 달려가서 하워드를 데리고 닭장으로 돌아왔다. 암탉을 들어 올리자 북방족제비가 고개를 내밀었다. 새카만 눈동자로 레이저 같은 눈빛을 내뿜으며 우리를 쏘아보았다.

　비극적인 일이 일어난 직후임에도 불구하고 우리는 크리스마스 아침에 천사가 찾아온 듯한 기분에 감탄을 금치 못했다. 베들레헴에 천사가 나타나자 목자들이 "크게 무서워하는지라"라고 했다. 어릴 때는 이 성경구절이 이상하게 느껴졌다. 내 성경책의 삽화에 나오는 천사들은 날개 달린 나이트가운을 입은 예쁜 아가씨처럼 생겼었다. 그리고 크리스마스트리에 달린 천사인형들도 하프를 연주하거나 트럼펫을 부는 모양이었다. 하늘을 난다는 점이 조금 놀랍긴 했지만 그 외에는 어린 내 눈에도 딱히 무서운 부분이 없었다. 하지만 이제 와서 그 성경구절을 다시 곱씹어보니, 성서의 천사들이 이 크리스마스 족제비처럼 순수함, 강함, 완전함으로 무장한 눈부신 존재였으리라 짐작되었다.

먼 옛날에 목자들이 마구간으로 몰려갔듯 우리도 우리 집 헛간에서 경이로운 기적을 목격했다. 다만 우리의 크리스마스 축복은 하늘로부터 내려온 것이 아니라 땅속 구멍에서 솟아났다. 북방족제비는 눈부신 흰 털, 고동치는 맥박, 끝없는 식욕을 갖고 불처럼 활활 타오르는 삶을 산다. 이 등불 같은 존재가 성냥불이 어둠을 쫓아내듯 내 마음속의 분노를 흔적도 없이 사라지게 만들었다. 그리고 분노가 사라진 자리에는 경외심과 용서로 가득 찼다.

6장

나를 바꿔놓은 우아한 움직임
_보더콜리 테스

테스와 함께하는 삶은 대부분 기쁨의 연속이었다. 우리가 일을 하고 있을 때 테스가 무릎에 올라와서 방해하는 일상은 즐거움 그 자체였다.

우리는 아침에 크리스토퍼와 암탉들에게 먹이를 챙겨주고, 각자 사무실에 들어가서 글을 썼다. 그러면 테스는 그 앞에서 한 시간가량을 얌전히 기다렸다. 그러다가 슬슬 지루해지면 내 무릎 위에 슬며시 공과 원반을 올려놓았다. 그러면 우리는 유혹을 견디지 못하고 밖에 나가서 놀아주었다.

그런데 글을 쓰면서 새로운 아이디어가 떠오른다든가 중요한 이야기가 전개되는 순간에 개 침 범벅인 장난감이 무릎 위로 난입하

힘이 넘치면서도 고상하고
품격 있는 테스의 몸짓은
말 그대로 '그레이스(은총)'
그 자체였다.

보더콜리 '테스'

면 참으로 난감했다. 하지만 난감한 기분도 잠시뿐이었다. 즐거움
과 힘이 넘치는 우리 보더콜리 테스와 함께 노는 일보다 더 재미
있고, 보람차고, 의미 있는 일은 없었기 때문이다.

 테스와 놀려면 동시다발적 사랑이 필요했다. 테스와 나갈 때마
다 다른 동물들도 예뻐해줘야 했다. 크리스토퍼도 우리가 나갈 때
면 낌새를 바로 알아채고 "꿀, 꿀! 꿀!" 하고 불러댔다. 자신도 쓰다
듬어달라는 소리였다. 아니면 곡물, 사과, 남은 음식 등을 한 국자
퍼주거나 하네스를 채워서 산책시켜달라는 요구였다. 암탉들도
우르르 몰려와서 쓰다듬어주고 안아서 뽀뽀해달라고 보챘다.

 다행히 테스가 공이나 원반을 아주 멀리 던지는 것을 좋아해서
다시 물어오기까지 이 모든 일을 마칠 수 있었다. 특히 하워드는
원반을 수십 미터까지 던질 수 있었다. 나는 그렇게까지 멀리 던
지지도 못했고, 자꾸 이상한 데로 날아갔다. 테스는 누가 던지든
상관없이 일단 날리기만 하면 어떻게든 잡아냈다. 그래서 하워드
는 테스를 '진정한 골든 글로버'라고 불렀다. 테스는 어느 누구도
편애하지 않았다. 우리끼리 있을 때도 그렇고, 손님이 찾아오면
한 명씩 번갈아가며 장난감을 건넸다. 이 게임을 너무 좋아한 나
머지 모두가 즐겨야 한다고 생각했는지 항상 누구에게나 공평하

게 공을 건넸다. 우리가 일하고 있을 때도 만약 하워드와 먼저 놀
았으면 한 시간 뒤에는 꼭 나를 불러주었다.

　활기 넘치는 우리 개가 들판을 달리고 원반을 잡으려고 껑충껑
충 뛰는 모습을 보고 있으면 기분이 절로 좋아졌다. 찬송가 '어메이
징 그레이스(주님의 놀라운 은총)'의 첫 소절을 부를 때처럼 말이다.
첫 가사도 테스의 움직임을 그리는 듯했다. 힘이 넘치면서도 고상
하고 품격 있는 테스의 몸짓은 '그레이스(은총)' 그 자체였다. 제설
차 충돌사고로 당한 부상과 파양당한 슬픈 과거가 있음에도 우리
와 함께하는 행복과 그녀의 우아함은 말 그대로 놀라웠다.

　테스와 함께하는 기쁨은 저녁까지 이어졌다. 자기 전에 우리가
꼭 하는 일이 있었다. 바로 원반던지기를 한 판 더 하는 거였는데,
달빛 속을 활공하는 테스의 흑백색 실루엣은 이루 말할 수 없이 멋
졌다. 하지만 개인적으로 테스는 달이 뜨지 않는 어두운 밤에 더
아름다웠다. 어두컴컴해서 아무것도 보이지 않았는데도 말이다.

　우리 동네 시골길에는 밤하늘을 간섭하는 가로등이 없다. 어떤
날에는 어두운 동굴처럼 컴컴해서 사람의 눈에는 아무것도 보이
지 않는다. 하지만 테스는 어둠 속에서도 모든 것을 완벽하게 보
았다.

개의 눈에는 빛을 모아서 반사하는 '휘판'이라는 기관이 있다. 그래서 개나 고양이의 눈에 자동차 전조등을 비추면 번쩍 빛나는 것이다. 아무리 어두운 밤이라도 나는 테스의 방울 목걸이가 딸랑거리는 소리를 따라 컴컴한 길을 나섰다. 테스는 마당의 완만한 언덕을 지나서 평평한 잔디밭으로 나를 이끌었다. 들판에 도착하면 나는 테스에게 속삭였다. "테스, 뛰어!"

그러고는 몇 초간 기다렸다가 어둠 한가운데로 원반을 던졌다. 나는 내가 던진 원반이 어디로 갔는지 알 길이 없었지만 1~2초 후에 테스의 이빨이 플라스틱 원반을 '탁!' 하고 무는 경쾌한 소리가 들렸다. 테스가 공중으로 뛰어올라 원반을 잡는 데 성공한 것이었다.

나는 다리를 굽히고 앉아서 어둠 속으로 손을 내밀었다. 그러면 테스는 한 치의 오차도 없이 내 손안에 원반을 쥐어주었다. 만약 바닥에 떨어뜨리면 원반을 찾느라 소중한 놀이시간이 허비된다는 사실을 잘 알았기 때문이다.

테스는 일상에서도 우리의 모든 움직임을 금세 파악했다. 우리가 헛간 위쪽과 아래쪽 중 어디를 가는지, 차를 타는 건지 집에 들어가는 건지 정확히 알았다. 집에서도 우리가 어느 방에 들어갈지

발을 떼기도 전에 아는 듯했다. 하워드와 나는 가끔 휴가를 내서
테스를 데리고 화이트산맥(미국 뉴잉글랜드에 있는 산맥)에 등산을 갔
다. 다리가 긴 남편 하워드가 먼저 앞서가면 테스는 남편을 쫓아
가다가도 내 쪽으로 되돌아왔다. 특히 갈림길에서는 꼭 나를 챙겨
주었다. 테스가 없었으면 나는 진즉에 다른 길로 빠졌을 것이다.
남편한테 갔다가 다시 나를 확인하러 되돌아오는 테스를 보며 하
워드는, 테스가 우리와 똑같은 길을 가지만 실제로는 네다섯 배는
더 걷는 셈이라고 했다. 양치기개인 보더콜리는 원체 영리하기로
유명하다. 테스는 재능을 발휘해 우리가 다음에 어떤 행동을 할지
예측하고 최선의 방식으로 도와주었던 것이다.

　하지만 테스의 영리한 머리로도 내가 왜 어둠 속에서 장님처럼
구는지는 이해하기 어려웠던 모양이다. 자신은 잘 보이는데 왜 나
는 보지 못하는지 이상했을 것이다. 이해하기 어려웠지만 그래도
넓은 마음으로 최대한 내게 맞춰주었다. 항상 참을성 있게 내 손
에 원반을 쥐어주었으니 말이다. 그러다 집에 돌아갈 시간이 되면
부드럽게 한 마디만 하면 되었다. "테스, 가자." 그러면 내게로 달
려와서 방울 목걸이를 딸랑대며 집까지 인도했다.

　나는 언제나 테스의 영리함, 힘, 민첩함에 감탄했지만, 어두운

밤에 내게 선사한 풍성한 축복이 가장 크게 다가왔다. 테스 덕분에 나는 빛 한 점 없는 어둠 속을 걷고, 심지어 놀기까지 했다. 다른 사람은 경험해보지 못한 축복이었다. 테스와 함께 있으면 나도 개의 초능력을 빌려 쓸 수 있었다. 가지지 못했지만 몰리를 처음 만난 순간부터 갈망했던 그 힘을 말이다.

　이 덕분에 나는 완전히 바뀌고, 또 바뀌었다.

　어느 6월 아침이었다. 우리가 일어나자 평소처럼 테스도 뒤따라 침대에서 폴짝 뛰어내렸다. 그리고 바닥에 서는가 싶더니 그대로 넘어졌다.

　처음에는 관절염 문제라고 생각했다. 이때 테스의 나이가 이미 14세였고, 과거 제설차 사고로 인해 가끔 다리를 헛디뎠기 때문이다. 당시에 12세이던 크리스토퍼도 노화로 인한 관절 질환을 앓고 있어서 수의사에게 진찰을 받으러 다녔다.

　나는 아침마다 머핀 속에 세 가지 캡슐약을 숨겨서 크리스토퍼에게 먹여야 했다. 그런데 테스는 단순히 관절염으로 아침에 몸이 뻣뻣해지는 정도가 아니었다. 눈을 자세히 들여다보니 이미 경미

한 뇌졸중을 앓고 있었다.

테스는 금세 회복된 듯 보였다. 하지만 우리에게는 불행의 전조로 다가왔다. 하워드와 나는 아직 40대였지만, 생생한 젊음을 함께 보낸 우리 동물들은 빠르게 노년기에 접어들었다. 이제 함께할 날들이 얼마 남지 않은 것이다.

동물과의 삶은 언제나 그랬다. 사랑하는 동물들은 앵무새와 거북이를 빼고는 다들 우리보다 훨씬 먼저 죽는다. 이러한 삶의 순리가 견딜 수 없이 슬펐다. 나는 독사와 식인동물이 사는 숲과 지뢰밭을 탐험하다가 크리스토퍼와 테스보다 먼저 죽고 말 거라고 친구들과 농담을 하고는 했다. 나는 죽는 게 두렵지 않았다. 죽음이란 또 다른 세계로의 여행일 뿐이라고 생각했다. 언젠가는 다들 가게 될 테니 말이다. 만약 천국이 있고 내가 그곳에 간다면, 사랑했던 동물들과 다시 만날 수 있으리라고 믿었다. 하지만 크리스토퍼와 테스가 떠나고 홀로 남겨질 것을 생각하니 너무 두려웠다.

지금 떠올려보아도 크리스토퍼와 테스는 노년기를 평안히 잘 보낸 것 같다. 크리스토퍼는 여전히 부드러운 손길, 함께 지내는 사람들, 초콜릿 도넛 등 인생에 주어진 최고의 것들에 감사하며 살았다. 꿀꿀이 스파를 구경 오는 팬도 꾸준히 늘었다. 테스가 멋지게 뛰어올라 원반을 잡아내는 모습이나 우리가 말릴 때까지 혀를 내밀고 헉헉대며 공을 뒤쫓는 모습도 예전과 다름없이 매력적이었다.

그러던 어느 날, 테스가 원반을 잔디밭에 떨어뜨렸다. 하워드가 다시 주워오라고 했지만, 테스는 말을 듣지 않았다. 귀가 먹은 것이다. 증상이 나타난지 꽤 되었을 텐데 테스가 워낙 민감하고 영리하게 대처해서 우리는 그동안 눈치채지 못했다.

몸의 평형을 유지하는 말초 전정계 질환도 찾아왔다. 뇌졸중과 증세가 비슷하지만 환자가 직접 느끼는 증상은 완전히 달랐다. 테스에게는 세상이 걷잡을 수 없이 빙빙 도는 것처럼 느껴졌을 것이다. 테스는 어지럼증과 메스꺼움으로 몇 주간 제대로 서 있지도 못했다.

놀랍게도 테스는 진정한 투사답게 병을 극복하고 다시 걷기 시작했다. 다만 그 이후로 머리가 살짝 기울어진 채로 다녔다. 테스의 밝았던 갈색 눈도 이제는 많이 흐려졌다. 귀도 멀고 눈까지 어두워져서 원반던지기는 할 수 없게 되었다. 공에도 큰 관심을 보이지 않았다. 나는 가슴이 아팠다. 처음에는 테스 때문에 가슴이

아픈 줄 알았다. 테스가 산을 오르고, 들판에서 공과 원반을 잡
으러 몇 시간이고 뛰어다녔던 순간을 무척 그리워할 거라고 생
각했다.

  하지만 잘못 생각하고 있었다. 나는 나 자신이 슬펐던 것이다.
어리고 힘이 넘쳤던 나날, 인간을 초월하는 청각, 어둠 속에서도
빛을 발하던 시력이 그리웠던 것은 바로 나였다. 테스의 초능력에
편승해서 여기저기 돌아다니던 시절이 그리웠던 것이다. 나는 슬
펐지만 테스는 그렇지 않았다.

  테스를 보면 그녀가 행복하다는 사실을 알 수 있었다. 꼬리를
살랑살랑 흔들었으니 말이다. 얼굴의 미소, 귀의 움직임, 여유로
운 몸짓 등 온몸이 만족감을 뿜어내고 있었다. 테스는 그저 무언
가를 쫓거나 뛰고 싶지 않았을 뿐, 그녀의 삶은 여전히 풍족하고
흥미로웠다. 주위는 여러 향기로 가득하고, 맛있는 음식이 풍족하
고, 사랑하는 이들이 곁에 있어서 안락했다. 테스는 어둡고 고요
해진 세상을 담담히 받아들였다. 그리고 걱정하지 않았다. 이 적
막한 암흑 세상을 잘 헤쳐나가게 도와줄 사람이 옆에 있다는 걸
알고 있었기 때문이다.

  테스는 여전히 밖에 나가기를 좋아했다. 밤에도 마찬가지였다.

테스가 멀리 달려가서 장난감을 물어오는 놀이를 얼마나 사랑했
는지 기억한다. 그렇지만 서로 꼭 붙어 있는 지금 이 순간도 충분
히 행복했다. 처음에는 내 온기와 냄새를 쫓아왔는데 나중에는 어
느 때고 나와 살이 맞닿아 있어야 했다. 오랜 시간을 함께하는 동
안 한때 내가 테스에게 의지하며 어둠 속을 걸었듯이 이제는 그녀
가 나를 믿고 의지하니 가슴이 벅찼다. 이렇게 내게 온전히 의지하
는 이는 아무도 없었다. 이렇게 나를 깊이 사랑했던 이도 없었다.
이렇게 내게 깊은 은총을 경험하게 해준 이도 테스 이전에는 아무
도 없었다.

　테스가 보여준 은총은 날이 갈수록 놀라웠다. 마치 인간보다 위
대한 존재의 힘이 필요할 때 우리가 호소하는, 그런 은총이었다.
단순히 뛰어난 운동실력과 우아한 움직임만을 보여주는 것이 아
니었다. 신학자들의 말에 따르면, 은총은 우리를 회생시키고, 고
결하게 만들며, 영감을 주고, 강하게 만드는 신성한 힘이기도 하
다. 찬송가 '어메이징 그레이스'의 "생명 찾았고 광명을 얻었네"라
는 가사처럼 말이다.

　테스는 결코 초능력을 잃지 않았다. 컴컴한 밤에 원반을 물어
왔듯 자신이 가졌던 힘을 내게 넘겨주었을 뿐이다. 우리가 함께

한 마지막 날까지 나는 테스가 내게 베풀었던 일들을 그대로 되돌려주는 겸허한 특권을 즐겼다. 이번에는 내가 테스를 어둠 속에서 인도할 차례였다.

개와 돼지에 대한 나의 사랑은 그들이 나이가 들수록 더욱 깊어졌다. 우리는 함께라면 어떠한 어둠도 헤쳐나갈 수 있었다. 하지만 크리스토퍼와 테스가 떠나고 나면 나는 어떻게 해야 할까?

7장

야생은 우리를 생존하게 한다
_나무타기캥거루

크리스토퍼가 하늘나라도 떠난 지 얼마 안 되어서 테스마저도 내 곁을 떠나버렸다. 나는 여차하면 스스로 목숨을 끊으면 그만이라는 생각 하나로 하루하루를 겨우 버텼다.

어느 초여름날 아침, 크리스토퍼는 우리에서 자다가 숨을 거둔 채로 발견되었다. 당시 테스도 16세로 이미 몸이 약해질 대로 약해진 상태였다. 나는 충격에 빠졌다. 아무런 예고도 없었기 때문이다. 경미한 관절염을 앓는 것 말고는 괜찮아 보였다. 돼지가 얼마나 오래 사는지 몰랐기도 했지만, 무엇보다 상태가 급격히 악화되는 증세가 전혀 없었다. 테스보다 오래 살아남아서 그녀가 죽으

두 마리의 매치나무타기캥거루, '테스와 크리스토퍼'

면 나를 위로해주리라고 믿었는데 운명은 내 바람과는 다르게 흘러갔다.

테스가 죽기 전 며칠 동안 나는 쇠약해진 신장에 좋다고 해서 매일같이 링거액을 주입하며 테스의 몸을 닦아주었다. 그녀는 묵묵히 이 시간을 견뎌냈다. 밤에는 종종 깨서 낑낑댔는데, 나로서는 왜 그랬는지 알 길이 없었다. 다만 테스의 삶에 기쁨보다 고통이 더 많아지는 것이 시간문제임은 확실히 알 수 있었다. 그 시기는 겨우 한 계절 만에 찾아왔다. 따뜻한 9월 오후, 수의사가 우리 집을 방문했다. 테스는 은단풍나무 아래에서 하워드와 내 품에 꼭 안긴 채 주사를 맞았다. 그렇게 우리는 찬란하고 따뜻했던 테스를 놓아주었다.

나도 얼마나 테스와 함께 떠나고 싶었는지 모른다! 크리스토퍼의 죽음만으로도 이미 충분히 참혹했다. 크리스토퍼가 없는 헛간은 텅 빈 것처럼 느껴졌다. 암탉들이 아무리 부산스럽게 돌아다녀도 소용없었다. 우리 집 마당을 바라보는 것만으로도 가슴이 미어졌다. 나는 크리스토퍼를 잃고 난 뒤 테스에게만 매달려 살았다. 나도 테스가 죽어간다는 것을 알았고, 테스도 아는 듯했다. 겨우 몇 달이었지만 우리는 함께였고, 우리 둘 다 그것으로 충분했다.

테스가 떠나자 내게 언제나 기쁨을 주던 모든 축복들이 무의미하게 느껴졌다. 소중한 암탉들, 사랑하는 남편, 아름다운 우리 집, 친한 친구들, 가치 있는 작업들 모두 무의미했다. 무르익은 사과 향기가 풍기는 초가을은 내가 가장 좋아하는 계절이다. 그러나 백년 묵은 록스베리 러셋 품종 사과나무에 열린 귀한 열매도 당기지 않았다. 마지막 수확을 기다리는 블루베리도 따고 싶지 않았다. 아름다운 가을 단풍이나 새하얀 눈송이도 눈에 들어오지 않았다. 나는 먹지도 자지도 않았고, 음악을 듣지도 사람을 만나지도 않았다. 크리스마스도, 부활절도, 그다음 해도 아무것도 기대되지 않았다. 배은망덕한 나 자신이 한없이 미울 뿐이었다.

몇 주가 지나고 몇 달이 지났다. 절망의 끝이 보이지 않았다. 머리카락이 빠지고, 잇몸에서 피가 나기 시작했다. 가장 최악은 뇌가 고장 난 것이었다. 사람들과 이야기할 때 머릿속에 떠오른 단어와 정반대의 말이 입 밖으로 튀어나왔다. 하루는 나보다 나이가 많은 친구에게 60세와 연애하는 80세 노인에 관한 농담을 하려고 했다. 분명 어린애를 데리고 논다는 뜻에서 '요람cradle을 털다'라고 말하려고 했는데 입에서는 '무덤grave를 털다'라는 말이 튀어나오고 말았다!

나는 우울증이 심각한 수준에 이르렀다는 것을 깨닫고 이를 극복하려고 애썼다. 음식과 물도 억지로 삼키고, 비타민도 복용했다. 체육관도 예전처럼 일주일에 세 번을 갔다. 매일 밖에 나가서 햇볕도 쬐었다. 병든 뇌를 소생시키기 위해 운전 중에도 이탈리아어 테이프를 틀고 공부했다. 그러나 아무것도 도움이 되지 않았다.

일에도 몰두하기가 쉽지 않았다. 이런 적은 수십 년 만에 처음이었다. 크리스토퍼가 죽고 나서 그를 기리기 위해 우리가 함께했던 추억을 글로 옮기기 시작했다. 14년의 세월을 글로 생생하게 옮기는 작업이 매일같이 이어졌다. 크리스토퍼와 테스 그리고 이들과 가족이 되기 위해 모인 사람들과 지낸 세월은 기쁨과 위안의 시간이었다. 이제는 그 기쁨과 위안이 영원히 사라져버렸다. 옆집 자매들도 이사 가버렸다. 글쓰기는 더 이상 해소의 행위가 아니었다. 힘겨울 뿐 아니라 나를 고갈시키는 작업이었다.

나는 원고를 끝내려고 매일 아등바등했지만 이런다고 무엇이 달라지겠는가? 크리스토퍼와 테스가 다시 돌아오는 것도 아닌데. 앞으로 평생 그런 기분으로 살아야 하는 건가?

갑자기 이런 생각이 들었다. '더는 이렇게 살 수 없어!'

엄마가 암 투병 중에 세상을 떠나고 남은 신경안정제가 떠올랐
다. 우리 집으로 가져와 안전하게 처분하려고 했는데 그동안 미뤄
두고 있었다.

*

나는 나 자신과 거래를 했다. 원고를 끝낸 후에도 상태가 나아
지지 않으면 수의사가 동물에게 안락사 주사를 놓듯이 내 고통도
주사 한 방으로 끝내버리겠다고 말이다. 신경안정제를 과다 복용
할 생각이었다. 그때는 이 계획이 성공 가능성이 없다는 사실을
몰랐다. 신경안정제를 과다 복용해도 평소보다 길게 잠들 뿐 죽지
는 않는다. 게다가 우울증이 너무 심했던 나머지 내가 자살하면
남은 사람들이 얼마나 큰 타격을 입을지는 생각하지 못했다. 자살
은 사랑하는 이들에게 나의 고통을 전가하는 행위일 뿐이다. 나는
결코 그럴 생각이 없었다.

그런데 이상하게도 그런 결정을 내리자마자 마음속에 평화가 찾
아왔다. 이 고통을 언젠가는 끝낼 수 있다는 생각이 들자, 작업을
끝까지 해낼 힘이 생겼다. 적어도 끝이란 것이 보였다. 상태가 호
전되어 삶을 이어나가거나 아니면 그대로 끝내면 되니까 말이다.

　크리스토퍼에 관한 원고 말고도 완성해야 할 임무가 하나 더 있었다. 일전에 어린이를 위한 짧은 책을 출간하기로 계약했었다. 파푸아뉴기니 숲에 서식하는 캥거루에게 발신기를 달아서 추적하는 리사 다벡 박사에 관한 책이었다. 리사와는 몇 년 전에 아마존 강돌고래 강연에서 만난 이후 좋은 친구 사이로 지낸다. 그녀의 연구현장에 합류하기로 약속했던 시기가 3월이었다. 3월은 뉴햄프셔주가 가장 우울해지는 달이다. 눈이 녹아서 진흙이 되고, 온 세상이 더러운 잿빛으로 변하기 때문이다. 왠지 내 인생의 마지막 탐험이 될지도 모른다는 생각이 들었다.

　리사는 연구현장까지 가는 데 처음 세 시간만 고생하면 된다고 했다. 하지만 실제 길을 떠나보니 이보다 더 고생스러울 수 없었다. 운무림을 오르는 길은 진흙투성이인 데다 심지어 경사가 45도인 곳도 있었다. 봉고 드럼(크고 작은 단면 드럼 두 개를 붙여 만든 쿠바의 타악기)을 미친 듯이 연주하는 것처럼 가슴이 쿵쾅대고 숨이 턱턱 막혔다. 현지 마을에서 온 만 여덟 살짜리 아이가 힘들어하는 나 대신 배낭을 들어주었다. 길을 안내해주는 현지 여성이 딱지가

덕지덕지 앉은 손을 내게 내밀었다. 피부병에 걸릴 게 분명했지만 나는 감지덕지하며 그 손을 덥석 잡았다. 그 순간에는 땀, 근육통, 피부병 등 아무것도 눈에 뵈는 게 없었다. 가시 돋친 쐐기풀에 쓸려서 아픈 것도, 나뭇잎에서 거머리가 우수수 떨어져 눈에 달라붙어도 아무 상관없었다. 약속했던 처음 세 시간이 끝날 때까지 한발 한발 내딛는 데만 온 신경을 집중했다. 세 시간이 지나고 나서야 겨우 앉아서 쉴 수 있었다. 그러고도 그날 하루에만 여섯 시간 더 산을 올라야 했다.

파푸아뉴기니 후온반도에 위치한 리사의 연구현장에 가려면 고도 3,000미터의 산을 올라야 했다. 너무 외진 곳이라 그녀의 연구팀 말고는 이곳에 발을 들인 백인이 없다고 한다. 이번에는 연구원 여덟 명을 포함해 캠핑 및 연구 장비와 음식을 들어줄 야완 Yawan마을 주민 마흔네 명이 함께 길을 나섰는데 사흘을 고생고생하며 올라가야 겨우 현장에 도착할 수 있는 거리였다.

나는 완전히 녹초가 되어 산등성이에 털썩 주저앉았다. 리사가 나를 격려해주려고 지난번에 왔던 팀 이야기를 해주었다. 그 팀에 만 서른 살의 보디빌더가 있었는데 바로 이 지점에서 토를 하며 더는 못 가겠다고 주저앉았다고 한다. 하지만 결국 끝까지 올라갔단다. 그래도 이제 진흙탕에 발이 미끄러지는 신세는 면했다.

　고개를 들자 말로 다 표현할 수 없는 아름다운 광경이 펼쳐졌다. 저 멀리 산 아래에 야완마을과 타윗Towet마을의 밀짚지붕이 조그맣게 보였다. 정갈한 꽃밭과 채소밭도 보였다. 우리 주변에 거대한 나무들은 이끼로 된 두툼한 벨벳 천을 두르고 있었다. 야생 진달래와 생강꽃이 녹색 숲에 빨간색, 주황색 무늬를 수놓았다. 나무고사리의 돌돌 말린 주황색 이파리는 양배추보다 더 통통했다. 반짝이는 하늘에는 사랑앵무들이 지저귀며 날아다녔다. 그때 팀원 두 명이 노래를 부르기 시작했다. 시애틀에서 온 수의사와 미니애폴리스에서 온 사육사였다. 파푸아뉴기니 현지 친구들도 함께 노래했다. 다들 즐거운 시간을 보내는 것 같았다. 하지만 나는 최종 목적지에 도착하는 데만 온 신경을 집중했다. 당장 여기서 쓰러져 죽는다 해도 별 상관없었지만, 원정대의 발목을 잡는 일만은 피하고 싶었다.

　여섯 시간 후 비가 내리자 모두가 서둘러 텐트를 쳤다. 나는 속을 게워내고 싶어서 홀로 인적이 없는 숲길로 들어섰다.

　이것은 별로 좋은 생각이 아니었다. 비 오는 운무림을 혼자 돌아다니다가 자칫 실종되는 일이 자주 발생하기 때문이다. 비가 어찌나 거세게 퍼붓던지 발자국이 흔적도 없이 씻겨 내려가고, 누군가를 부르는 목소리도 빗소리에 파묻힐 정도였다. 그런 상황에서도 나는 도와달라고 소리칠 생각을 못했다. 고산병과 저체온증으로 인해 제정신이 아니었다. 내 친구 닉이 멍하니 서 있던 나를 발견하고 텐트로 데려왔을 때 내 입술과 손가락 끝이 퍼렇게 질려 있었다.

　리사와 수의사가 서둘러 내 젖은 옷을 벗기고 침낭으로 감싸주었다. 그리고 따뜻한 음료를 건네며 부드러운 목소리로 물었다. "또 필요한 건 없어요?" 몸이 따뜻해지니 다시 정신이 돌아왔다. "네, 혹시 누가 제 배낭 좀 가져다줄 수 있나요?" 내가 원하는 물건은 지퍼로 단단히 잠근 화장품 파우치 안에 있었다. 산을 오르다가 혹시 잃어버릴지 몰라서 결혼반지와 함께 넣어둔 소중한 보물이었다. 테스가 죽고 난 후 친구가 내게 작은 함이 있는 은팔찌를 선물해줬는데, 그 속에 테스의 유해가 들어 있었다.

*

　다음 날 아침, 우리는 또다시 세 시간의 고된 등산을 마치고 와사우논Wasaunon이라는 장소에 야영지를 설치했다. 일전에 달아놓은 무선발신기를 통해 멸종위기종인 매치나무타기캥거루가 이 부근에 있다는 신호가 감지되었기 때문이다. 우리는 이곳을 본거지로 삼고 2주간 머무르기로 했다. 리사의 작업은 매우 중요한 의미가 있었다. 캥거루에게 필요한 것과 그들의 서식지를 파악하는 작업은 장기적으로 운무림을 보호하는 데 큰 도움이 되었기 때문이다.

　우리 야영지는 높은 고목들로 둘러싸여 있었는데 흡사 얼굴이 이끼 수염으로 뒤덮인 선량한 마법사가 우리를 보호해주는 형상이었다. 이끼에는 양치식물이 듬성듬성 자라 있었고, 지의류, 우산이끼, 곰팡이, 난초도 군데군데 보였다. 그중에서도 나는 이끼가 가장 신비로웠다. 높은 산속의 구름이 녹색으로 응고된 듯한 이끼 융단이 온 세상을 덮고 있었다. 겸허하고, 부드럽고, 오랜 시간을 살아온 이끼를 두고 19세기 영국 비평가인 존 러스킨은 "지구의 첫 번째 자비"라고 표현했다. 나는 자비에 둘러싸여 있었다. 나무와 땅을 덮은 자비로운 이끼는 헛디딘 발도 용서해주고, 그

위에 떨어지는 모든 것을 부드럽게 감싸주었다.

이끼가 자란 나뭇가지 사이로 큼직한 주황색 덤불 같은 게 보였다. 나무타기캥거루의 색깔과 정확히 일치했다. "최근 몇 년간 우리가 발견한 건 이게 다예요." 리사는 내게 말했다. 하늘의 별따기처럼 보기 힘들다는 나무타기캥거루가 지금 저 푹신한 이끼 위에 앉아 있는 것이 분명했다. 나무타기캥거루 중에서도 리사가 연구하는 매치나무타기캥거루는 커다란 고양이만 했다. 털은 갈색이 도는 주황색에 배 부분은 옅은 누런색, 코는 촉촉한 분홍색이었으며, 꼬리는 길고 털이 나 있었다. 닥터수스의 책에 등장하는 동물 중에 가장 사랑스럽고, 봉제인형 제조사 건드Gund가 만든 인형 중에 가장 끌어안고 싶게 생겼다. 이렇듯 어린이 동화책에 등장할 법한 외모의 동물을 양치식물과 난초, 안개와 이끼 사이에서 찾아내 무선발신기를 부착하고 관찰하는 것이 우리의 임무였다.

한편 연구일지에도 썼지만, 우리 야영지에 기적 같은 일이 생겼다. "기적이 일어났다. 추적팀이 긴코가시두더지를 데리고 온 것이다! 뉴기니에 서식하며 닥터수스 책에도 등장하는 캐릭터다. 통통하고 복슬복슬한 몸에 가시가 몇 개 돋아 있고, 검은 눈은 작고 귀여우며, 뒷발은 앞뒤가 거꾸로 달린 것처럼 생겼다. 원통 같은 코는 길이가 15센티미터나 되는데, 너무 길어서 걷다가 제 코에 걸려 넘어지기도 한다."

우리의 손님, 긴코가시두더지는 이곳에 잡혀왔는데도 동요하는 기색이 보이지 않았다. 커피자루에서 꺼내주자마자 야영지 곳곳을 탐색하고 다녔다. 우리가 어린 나무를 한데 묶어서 만든 식탁에 강한 손을 이용해서 구멍을 내고, 연못에 얼굴을 담그는 것처럼 손쉽게 땅속에 코를 찔러 넣었다. 임시 취사장에 벽처럼 세워진 나무 사이를 연기처럼 가볍게 돌아다녔다.

긴코가시두더지는 우리가 등을 만져도 몸을 둥글게 말지 않았다. 짙은 회색 털은 의외로 부드러웠지만 상아색 가시는 꽤 날카로웠다. 그래서 그렇게 자신만만했나 보다. 그래도 스트레스를 줄 만한 일은 하고 싶지 않았다. 우리는 긴코가시두더지에게 푹 빠져서 언제까지고 바라보고 싶은 마음을 눌러 담고, 10분가량 사진과 동영상을 찍은 후에 다시 커피자루에 담아 집으로 돌려보내 주었다.

그날 연구일지에는 또 다른 이야기가 이어진다. "긴코가시두더지가 우리 야영지를 방문한 지 얼마 안 되어서 또 다른 추적팀이

산쿠스쿠스(쿠스쿠스과에 속하는 유대류의 일종)를 데려왔다! 통통한 봉제인형처럼 생긴 녀석인데 눈이 크고 갈색이다. 빽빽하고 풍성한 진갈색 털에 배 부분은 달빛처럼 희고, 털이 없는 꼬리 밑과 손발은 분홍색이다."

우리는 가는 곳마다 예상치 못한 희귀종들을 만났다. 하나같이 신기한 생김새, 놀라운 능력, 정겨운 이름을 가진 동물들이었다. 지구상에 알을 낳는 포유류는 두 종류밖에 없는데 그중 하나가 가시두더지다[나머지 하나는 오리너구리]. 산쿠스쿠스는 세계에서 가장 큰 야행성 주머니쥐로 무게가 6킬로그램에 달한다.

이밖에도 몇몇 동물은 직접 보지는 못했지만, 둥지, 굴 등의 은신처를 발견할 수는 있었다. 숲칠면조는 닭만 한 몸집으로 흙더미에 자동차처럼 큰 굴을 파서 알을 낳는다. 주로 수컷이 퇴비에서 발생한 열을 이용해 알을 품으며, 굴속이 과열되면 환기 구멍을 뚫어서 온도를 조절한다. 우리 야영지 근처의 잔디밭에서 덤불왈라비(캥거루과 덤불왈라비속의 작은 유대류)가 파놓은 구멍도 발견되었다. 덤불왈라비는 통통하고 복슬복슬한 캥거루처럼 생겼다. 꼬리는 뭉툭하며, 주변을 탐색할 때는 귀를 쫑긋거린다. 추적팀은 야영지 근처에서 도르콥시스도 보았다. 도르콥시스는 얼굴이 가젤처럼 생긴 작은 왈라비다.

이곳 운무림에서 느껴지는 생생함은 이전 탐험지와는 사뭇 달랐다. 예전에 갔던 아마존이나 열대우림과 달리 이곳은 너무 추웠다. 모기도 없고 개미, 독사, 거미, 전갈도 없었다. 그래도 다양한 생명체들이 가득했는데 다들 유순할 뿐만 아니라 자애롭기까지 했다.

하루하루가 새로운 즐거움과 놀라움의 연속이었다. 옷핀보다 작은 난초와 산딸기를 발견하기도 했고, 별똥별이 밤하늘을 가득 수놓은 날도 있었다. 미국, 뉴질랜드, 호주, 파푸아뉴기니 등지에서 모인 팀원들도 모두 좋은 사람들이었다. 처음에는 친구가 세 명밖에 없었는데 일주일 만에 팀원 전부와 친구가 되었다. 추적팀과 연구팀, 현지인과 외국인, 사육사, 예술가, 연구원 구별 없이 모두가 원시 운무림을 보호한다는 힘든 과업 앞에 하나로 뭉쳤다.

야영지에서의 생활이 쉽지만은 않았다. 나무타기캥거루는 쉽게 모습을 드러내지 않았고, 우리의 옷은 항상 꿉꿉했으며, 아침저녁에는 입김이 나올 정도로 추웠다. 옷을 있는 대로 다 껴입고 침낭 안에서 몸을 잔뜩 웅크리고 잠이 들어도 아침마다 냉기를 느끼며 일어났다. 하지만 우리의 작업은 매우 중요했고, 동료들은 따뜻했으며, 주변 환경은 황홀할 정도로 멋졌다.

　어느 날 새벽, 우리는 땅이 흔들리는 것을 느꼈다. 지진이 일어
났지만 우리는 아무런 해도 입지 않았다. 오히려 땅의 미약한 떨
림이 나를 안심시켰다. 그날 나는 연구일지에 이렇게 적었다. "이
곳에서는 지구가 매우 새롭게 느껴진다. 가끔 지구의 심장이 녹아
서 흔들리는 것까지 느낄 수 있다."

　4월이 되었다. 리사는 아침에 눈을 뜨자마자 왠지 오늘은 예감
이 좋다고 했다. 우리는 매일 아침 일찍 일어나서 나무타기캥거루
추적팀을 배웅해주었다. 나는 서양인과 동물을 향한 현지인들의
친절함에 깊이 감명받았다.

　오전 8시 35분경이었다. 리사는 옷을 빨고 있었고, 나는 시냇가
에서 접시를 닦고 있었다. 그때 추적팀으로부터 연락이 왔다. "나
무타기캥거루 두 마리 발견!" 우리는 어미와 새끼일 거라고 짐작
하고 서둘러 달려갔다. 추적팀은 영어가 혼용된 현지어인 '톡 피
진Tok Pisin'으로 캥거루 두 마리가 근처 나무에 있다고 말했다. 캥거
루를 나무에서 내려오게 만들기는 불가능하겠다는 생각이 들만도

했지만 추적팀은 능숙하게 일을 척척 진행해나갔다. 먼저 나무 주변에 작은 울타리를 만들고, 추적팀 중 한 명이 옆 나무로 올라갔다. 그러자 캥거루가 나무에서 땅으로 뛰어내렸다. 이때를 놓치지 않고 꼬리를 낚아채서 커피자루에 집어넣었다.

야영지에 돌아와서 커피자루를 열어보니 우리가 '아기'라고 생각했던 캥거루는 다 자란 수컷이었다. 추적팀이 암수 캥거루가 데이트하는 현장을 포착했던 것이다! 리사는 처음으로 다 자란 수컷 캥거루에게 무선발신기를 부착할 수 있었다. "이건 기적이에요!" 리사는 감격해서 외쳤다. 옆에 있던 현지 학생도 따라서 외쳤다. "최초로 발신기를 단 수컷 매치나무타기캥거루라니! 역사에 길이 남을 일이네요!"

수의사는 캥거루들이 놀라지 않게 약하게 마취하고 검사를 한 다음 무선발신기를 달았다. 먼저 암컷의 차례였다. 긴 꼬리는 황금색이었고, 등은 짙은 밤색과 황색이 섞여 있었다. 나무를 오르기 좋게 구부러진 황토색 발톱은 살짝 광이 났다. 나는 참지 못하고 손을 뻗어서 테스를 어루만지듯 캥거루를 쓰다듬었다. 털이 구름보다 더 부드러웠다.

발신기를 부착한 캥거루들은 다음 날 아침 숲으로 돌아가기 전

이곳 운무림에 와서
다시금 깨달았다.
야생은 우리를 온당하고 온전하게
만든다는 것을 말이다.

까지 나뭇잎을 채운 넓은 우리에 잠시 머물렀다. 우리는 그동안 이름을 뭐라고 지을까 고민했다. 하지만 리사의 마음속에 이미 정해둔 이름이 있었다. 크리스토퍼와 테스였다.

캥거루를 풀어주러 가는 길은 갈수록 미끄러워졌다. 장화에 마른 진흙이 자꾸 들러붙어서 평소보다 몇 배는 더 걸음이 무겁게 느껴졌다. 캥거루의 이름들이 내 머릿속에서 무거운 발소리에 장단을 맞춰 춤을 추었다. 테스, 크리스, 테스, 크리스… 그들과 함께한 14년의 세월 동안 얼마나 수없이 불렀던 달콤한 이름들인가! 그들이 죽고 나서 그 이름을 부르는 것조차 비수가 되어 나의 가슴을 찔렀었다. 하지만 이번에는 달랐다. 테스, 크리스, 테스, 크리스… 이름을 되뇌는 것만으로도 감사의 마음으로 사랑하는 이를 기리는 성가가 되고, 기도문이 되었다. 캥거루를 풀어주는 중대한 순간에 걸맞은 마음 상태로 만들어주었다.

이 아름다운 생명체들이 나의 테스와 크리스토퍼가 아님은 잘 알고 있었다. 그들의 영혼이 이곳에 있지 않다는 사실도 잘 알았다. 이 캥거루들은 본연의 삶을 사랑하는 복합적이면서도 개별적인 존재였다. 하지만 내게는 야생 그 자체이기도 했다. 이들 가슴 속에는 다른 모든 생명체와 똑같은 야생의 심장이 뛰고 있었다. 우리가 온몸으로 찬양하는 야생, 자전하는 행성에서 우리를 생존하게 만드는 야생이었다. 이곳 운무림에 와서 다시금 깨달았다. 야생은 삶을 갈구하게 만드는 행복한 배고픔과 같아서 우리를 온당하고 온전하게 만든다는 것을 말이다.

크리스토퍼와 테스를 숲에 풀어주었던 그날, 나 자신도 비로소 자유를 얻었다.

8장
더 넓은 마음과 큰 사랑이라는 선물
_보더콜리 샐리

내 책상에는 마음속에 간직하고
픈 글귀가 적힌 카드 한 장이 놓여 있다. "사랑은 죽음이 찾아와도
변하지 않는다. 아무것도 잃지 않고 결국은 전부를 얻게 될 것이
다." 영국 시인인 이디스 시트웰이 한 말이다.

나의 친구들은 테스와 크리스토퍼가 여전히 내 곁에 있다고 말
했다. 내게 집들이 선물로 암탉들을 주었던 영매靈媒 그레첸 보겔
은 우리 집에 테스와 크리스토퍼의 영혼이 있다고 했다. 크리스토
퍼의 영혼은 340킬로그램에 달했던 생전 모습보다 육중해진 몸으
로 내 곁을 비행선처럼 떠돈다고 했다. 부엌 바닥에 앉아 있는 테
스의 모습도 뚜렷이 보인다고 했다.

보더콜리 '샐리'

그런데 내 눈에는 왜 보이지 않을까? 내게는 예지력도, 영혼과 소통하는 능력도 없다. 고등학생 때 성경공부를 그렇게 열심히 했는데도 신의 말씀조차 전해지지 않았다. 하지만 육신은 사라져도 영혼은 남는다고 믿었고, 이것은 내 신앙의 핵심 교리였다. 하지만 사랑하는 존재가 죽고 나서 그의 영혼을 느낄 수 없다는 사실이 절망스러웠다. 그저 그리워할 수밖에 없었다. 나는 아마존에서 만난 친구에게 이 이야기를 해주었다. 전직 미국 해군이자 현재 무술가로 활동하는 친구였다. 그러자 그는 내게 부드럽게 말했다. "음, 하지만 너도 그들을 느끼잖아. 네가 그립다고 느끼는 것은 그들의 부재가 아니라 그들의 존재야."

그의 현명한 대답이 내게 위로가 되었다. 그래도 자꾸만 영혼과의 소통이라든가 어떠한 신호나 느낌이 찾아오길 기대하게 되는 건 어쩔 수 없었다.

그러던 어느 날 밤이었다. 파푸아뉴기니 원정도, 크리스토퍼 회고록도 마쳤고, 나무타기캥거루 책도 끝냈다. 그동안 아마존에도 한 번 다녀왔고, 다음에 이탈리아를 탐험할 계획도 세우다 보니 어느새 1월이 되었다. 그날 밤 테스가 내 꿈에 찾아와서 곧 좋은 일이 생길 거라고 알려주었다. 테스가 죽고 1년 반이 지났을 때였다.

＊

　나는 평소에도 동물 꿈을 자주 꾼다. 보통 즐겁고 신나는 꿈이 대부분인데 이번에는 달랐다. 처음부터 절박한 상황이 벌어졌다. 친구가 우리에게 보더콜리 강아지를 주었다. 기뻐 날뛰어도 모자랐지만 나는 매우 괴로워했다. 강아지가 갓 태어난 쥐만큼 작아 금방 죽을 것 같았기 때문이다. 어떻게 하면 강아지를 살릴 수 있을지 몰라서 발만 동동 구르다가 무력감에 빠져들었다.

　그때 누군가가 우리 집에 들어왔다. 문 두드리는 소리는 듣지 못했지만 분명 누군가 있었다. 뒷문을 열어보았다. 그곳에 테스가 서 있었다.

　테스를 다시 만나다니 정말 행복했다! 꿈속이었지만 테스가 죽었다는 것은 알았다. 테스는 나를 돕기 위해 영혼의 형상으로 나타난 것이다. 나는 뛰어가서 하워드를 데려왔다. 하지만 그가 도착했을 때 테스는 이미 떠났고, 그 자리에 다른 보더콜리가 서 있었다.

　이 보더콜리는 테스처럼 콧등을 따라 흰 줄무늬가 있고, 다리와 꼬리 끝도 하앴다. 털은 테스보다 훨씬 풍성했고, 귀는 처진 부분 하나 없이 쫑긋했다. 테스와 같은 흰색 갈기털은 없었다. 보더콜리는 들뜬 표정을 지으며 깊은 갈색 눈동자로 우리를 올려다보았다.

나는 바로 알 수 있었다. 테스가 우리에게 보낸 아이라는 것을. 꿈에서 깨자마자 이 아이를 찾아 나섰다.

보더콜리 보호센터 웹사이트를 찾아보았다. 알고 보니 하워드도 그동안 같은 웹사이트를 뒤져보고 있었다. 뉴욕주 북부에 위치한 '글렌 하일랜드 팜 스위트 보더콜리 보호센터'라는 곳인데 이 지역에서 규모가 가장 컸다. 웹사이트에는 입양을 기다리는 수십 마리의 보더콜리와 보더콜리 믹스견의 예쁜 사진들이 자세한 설명과 함께 올라와 있었다. 테스가 꿈에 보여준 아이를 찾는 데 이보다 적절한 출발지는 없었다. 나는 꿈속의 개가 암컷이라는 예감이 강하게 들었다. 과연 내가 찾아낼 수 있을까?

보호센터에서 개를 입양하는 일은 쉽지 않았다. 개들은 이미 센터농장에서 안락한 삶을 누리고 있었다. 연못이 있는 드넓은 잔디밭과 숲속을 자유롭게 뛰어다녔고, 밤에는 따뜻하고 포근한 침대

에서 잠이 들었다. 장난감이 넘쳐났으며 함께 놀 친구와 자원봉사
자도 충분히 많았다. 이러하니 여기보다 더 안락한 환경을 제공해
줄 가정에만 입양을 허가하는 방침이 이해가 갔다. 우리는 입양을
위한 긴 서식의 서류를 꼼꼼히 작성하고, 집과 마당을 찍은 사진
도 제출했다. 그리고 수의사와 최소 한 명 이상의 이웃에게 우리
가 보더콜리를 키울 조건이 충분하다는 내용의 추천서도 받았다.
모든 서류를 제출하고 나서야 방문 날짜가 정해졌다. 이때가 2월
이었다. 우리는 구체적인 방문 시간을 알려줄 센터의 전화를 기다
리고 있었다.

　집에서 센터까지는 차로 꼬박 하루가 걸리는 거리라서 근처에서
1박을 해야 했다. 하지만 전화가 너무 늦게 걸려온 탓에 시간을 도
저히 맞출 수가 없었다. 하워드와 나는 실망했지만, 일단 몇 주 후
인 3월에 다시 방문하기로 날짜를 조정했다. 이번에는 하루 전날
에 롱아일랜드에 있는 하워드 부모님 댁에 미리 가서 하룻밤 신세
를 졌다. 다음 날 바로 센터로 출발할 계획이었다. 나는 떨리는 마
음으로 테스가 쓰던 목줄, 밥그릇, 담요를 챙겼다. 우리는 웹사이
트에서 수없이 많은 개의 프로필을 훑어보았다. 누가 우리와 맞는
개일까? 우리는 서로를 알아볼까? 내가 잘못 골라서 우리 테스를

실망시키면 어떡하지? 충실하고 용맹한 나의 테스가 내게 꼭 맞는 아이를 찾아주려고 저세상에서 그 먼 길을 찾아왔는데?

롱아일랜드에 도착한 날 밤, 밖에서 저녁을 먹고 하워드 부모님 댁으로 돌아왔는데 자동응답기에 우리 앞으로 메시지가 남겨져 있었다. 센터에서 보호하는 보더콜리들이 집단으로 병에 걸렸다는 내용이었다. 그렇게 우리의 두 번째 방문계획도 취소되었다.

글렌 하일랜드 센터에 입양을 기다리는 멋진 개들이 수없이 많았지만, 그중 우리 개는 없었던 모양이다.

도대체 우리 개는 어디에 있는 걸까?

나는 집으로 돌아와서 다른 웹사이트를 뒤지기 시작했다. 뉴햄프셔주 동물보호연합, 팻파인더, 뉴잉글랜드 보더콜리 보호센터, 휴먼소사이어티 동물보호단체 뉴햄프셔 지부, 매사추세츠 지부, 코네티컷 지부, 로드아일랜드 지부, 메인 지부 등 수많은 사이트를 들락날락했다. 무슨 이유에서인지 그 시기에 입양할 수 있는 보더콜리가 거의 없었고, 더군다나 어린 암컷은 한 마리도 없었다. 나는 초조해졌다. 벌써 4월이었다. 테스가 내 꿈에 나타난 지도 3개월이 지났다. 이대로라면 테스를 실망시키게 될지 모른다는 생각, 그리고 우리 품에 안겨 있어야 할 개가 어딘가에서 떨고 있을지 모른다는 생각에 마음이 조급해졌다. 하지만 어디서부터 시작해야 할지 감이 오지 않았다.

전문 브리더(사육사)는 처음부터 고려하지 않았다. 바로 옆 동네에도 좋은 브리더가 있었지만, 반려견이 아니라 작업견만 분양했다. 무엇보다 우리는 갈 곳 없는 보더콜리에게 가족이 되어주고 싶었다.

결국 실낱같은 희망만 남은 나는 하늘의 자비를 기대해보기로 했다. 일단 친구들에게 우리가 어린 암컷 보더콜리를 찾는다고 알렸다. 한 친구는 《양키》의 칼럼니스트라서 뉴잉글랜드 주민의 절반을 알 정도로 발이 넓었다. 휴먼소사이어티 동물보호단체 임원도 있었고, 동물학대방지협회SPCA에서 일하는 친구도 있었다. 분명 이들 중 한 명은 찾아낼 수 있으리라.

내친김에 에벌린에게도 전화를 했다. 그녀는 테스를 보호하던 동물보호소 운영자다. 테스를 집에 데려온 날부터 우리는 친구로 지냈다. 테스가 죽었을 때 그녀에게도 바로 알렸으므로 만약 보호소에 보더콜리가 들어왔다면 진즉에 연락을 주었을 것이다. 하지만 가능성은 매우 희박했다. 에벌린이 14년간 동물보호소를 운영하면서 보

더콜리를 맡은 것은 테스가 처음이자 마지막이었기 때문이다. 그
래도 나는 수화기를 들고 보더콜리를 찾고 있다고 말했다.

전화선 저편에서 몇 초간 정적이 흘렀다. 그러더니 무엇엔가 홀
리 듯 에벌린이 입을 열었다.

"어⋯. 여기에 여자아이가 하나 있어요."

암컷 보더콜리는 다섯 살로 추정되었다. 동물보호소에 오기까지
두 가정을 전전했는데 살뜰히 보살펴준 사람은 아무도 없었던 것
같았다. 이름은 '주이Zooey'였다. 하지만 아무리 이름을 불러도 오
지 않았다. 에벌린은 발음이 "안 돼(no-o-o)"라는 단어와 비슷해서
인 것 같다며 '잭'이라는 새로운 이름을 붙여주었다.

잭의 사연은 참으로 기구했다. 잭은 겨울에 옆집 보더콜리와 짝
짓기를 해서 예쁜 강아지 여덟 마리를 낳았다. 순종 보더콜리를
원했던 주인의 욕심 때문에 추운 시기에 출산한 것도 모자라 차가
운 지하실 콘크리트 바닥에 산실을 마련해서 강아지들이 얼어 죽
기 직전이었다. 에벌린이 주인의 전화를 받고 급히 출동했지만,
도착하기도 전에 다섯 마리가 죽어버렸다.

지하실에 내려가 보니 이제 막 엄마가 된 잭이 산실박스를 들어 갔다 나왔다 하며 안절부절못하고 있었다. 자기 새끼들이 죽어가 는 것을 알았던 모양이다. 에벌린은 당시 상황을 떠올리며 내게 말했다. "정말 화가 치밀었어요. 그때 잭은 털도 거의 다 빠진 데 다가 몸에 벼룩이 디글디글했어요. 흡윤개선(기생충으로 인해 생기는 포유동물의 피부병) 치료까지 했었대요. 그렇게라도 안 했으면 분명 그 사람들한테 악담을 퍼부었을 거예요."

다행히 에벌린의 도움으로 나머지 세 마리는 목숨을 건졌다. 주 인은 살아남은 새끼들을 비싼 값에 팔아버릴 계획이라서 어미는 계속 집에 둘 필요가 없었다. 그래서 에벌린이 잭을 보호소로 데 려와서 건강을 되찾을 때까지 돌봐준 것이다. 에벌린은 이제 털도 원상태로 돌아왔다고 말했다. "잭은 정말 아름다워요. 하지만 사 람들과 잘 어울리지 못해요."

하워드와 나는 잭을 만나러 갔다.

"잭! 가만히 있어!" 잭이 목줄을 반대로 당기며 저항하자 에벌린 이 엄하게 말했다. 처음 봤을 때 잭은 놀라우리만큼 테스와 닮아

있었다. 검은 바탕에 대비되는 콧등의 흰 줄무늬, 목과 가슴까지 이어지는 흰 털, 흰 양말을 신은 것 같은 발 등 전형적인 보더콜리의 모습이었다. 하지만 잭은 테스와 달랐다. 둘의 차이점은 금세 드러났다.

잭은 테스보다 몸집이 컸다. 무게도 3.5킬로그램 정도 더 나갔다. 털도 훨씬 풍성하고 귀도 뾰족했다. 무엇보다 성격이 정반대였다. 테스는 첫 만남부터 우리에게 잘 맞춰주는 편이었다. 하워드는 처음 원반을 던지는 순간 테스와 사랑에 빠졌다. 하지만 실망스럽게도 잭은 원반을 던져도 무시했고, 공도 물어오지 않았다. 어떤 장난감을 가져와도 시큰둥했다. 이름을 불러도 반응하지 않았다. 주이라는 예전 이름으로 불러도 마찬가지였다. 영어 자체를 못 알아듣는 것 같았다. 테스가 온 신경을 우리에게 집중했던 반면, 잭은 온갖 것에 관심을 보였고 금세 산만해졌다.

하워드는 잭의 털도 별로 좋아하지 않았다. 흡윤개선 치료를 받고 원상태로 돌아오긴 했지만, 너무 복슬복슬한 데다 특히 등과 엉덩이 털이 두드러지게 곱슬거렸다. 테스처럼 검은색도 아니고 약간 갈색을 띠었다. 하워드는 잭의 꼬리도 싫어했다. 아마도 다쳐서 그런 듯한데 꼬리가 살짝 오른쪽으로 휘어 있었다. 나이도 마음에 안 들어했다. 다섯 살은 너무 많다고 생각했다. 테스의 죽음이 가슴이 찢어질 듯 슬펐기에 새로운 개를 입양한다면 적어도 테스만큼 오래 살 수 있는 나이이기를 원했다. 첫 만남에서 잭이 애교를 부리며 몸을 기대기도 했지만, 하워드는 잭을 원하지 않았다.

하지만 나는 잭의 옆모습에서 결정적인 부분을 발견했다. 화려한 흰색 갈기가 목둘레를 완전히 감싸지 않아서 오른쪽 면은 완전히 검은색이었다. 그래서 오른쪽에서 보면 흰색 갈기가 아예 없는 것처럼 보였다. 꿈에서 본 모습 그대로였다.

우리는 이후 잭을 한 번 더 보러 갔지만, 하워드는 여전히 입양을 반대했다. 나는 끓어오르는 화를 참지 못하고 친구를 찾아가서 식탁에 앉아 한참을 울었다. 집에 돌아오니 하워드가 불도 켜지 않은 채로 침대에 앉아 있었다. 어둠 속에서 그의 목소리가 들려왔다. "잭을 데리러 가자." 다음 날 우리는 에벌린의 보호소로 갔다.

"행운을 빌어요!" 에벌린이 우리 셋이 함께 떠나는 뒷모습에 대고 이렇게 소리쳤다. "손이 좀 많이 갈 거예요."

에벌린의 말이 맞았다. 잭은 손이 많이 가는 개였다. 집에 온 첫날, 잭은 온 집 안을 돌아다니며 방마다 똥을 쌌다. 지하실에까지 말이다. 불행히도 그 흔적은 며칠 뒤에 발견되었다. 식탁이나 선반에 놓아둔 음식도 몰래 훔쳐 먹었다. 잭의 발이 닿는 곳이라면 어떤 음식도 무사하지 못했다. 잔디밭에는 구멍을 파놓았다. 테스는 한 번도 그런 적이 없었다. 게다가 잭은 다른 동물의 배설물 위에서 뒹굴기를 좋아했다. 심지어 먹기까지 했다. 영어는 단 한 마디도 못 알아들었다.

　그래도 습득력만큼은 뛰어났다. 우리는 잭에게 '샐리'라는 새로운 이름을 붙여주었는데 집에 온 첫날부터 자신의 이름을 알아들었다. 그리고 첫날을 빼고는 집 안에서 똥을 싸지도 않았다. 다만 지하실은 예외였는데, 아마도 예전에 지하실에 갇혀서 출산했던 기억 때문인지 이곳은 변소 취급당해야 마땅하다고 생각하는 듯했다.

　샐리는 나와 함께 강아지 트레이너에게 개인훈련을 받았다. 그리고 반려견훈련소 두 곳에서 복종훈련 단체수업도 들었다. 얼마 지나지 않아서 샐리는 '이리 와' 훈련을 완벽하게 터득했고, 다른

기본 명령들도 잘 따르게 되었다. 심지어 '악수하기'까지 할 수 있
었다. 훈련을 받은 지 한 달쯤 되었을 때 휴먼소사이어티에서 '예
의바른 강아지상'까지 받았다. 우리는 상장을 자랑스레 냉장고에
붙여놓았다. 하지만 상장을 받던 그날 저녁에 샐리는 하워드에게
주려고 부엌 조리대에 놓아두었던 게살 케이크를 몰래 먹어치웠
다. 친구를 위해 만든 생일케이크도 먹어버렸고, 부엌 찬장 문을
직접 열고 안에 들어 있던 오트밀 한 상자를 모조리 먹어치웠다.
그 바람에 부엌은 난장판이 되어버렸다.

　나는 이렇게 말하고 싶다. "샐리는 우리가 부탁하는 것은 무엇
이든 해줘요. 그 이상의 것까지 말예요." 문제는 우리가 부탁하지
않은 일까지 한다는 것이었다. 샐리는 '이리 와' 훈련이 워낙 완벽
하게 되어 있어서 목줄 없이도 우리와 함께 숲속을 산책했다. 내
가 가장 좋아하던 일과 중 하나였는데 오전에는 우리끼리 산책을
했고, 오후에는 친구인 조디와 그녀가 키우는 스탠더드 푸들인 펄
과 메이를 데리고 함께 산책을 나갔다. 그런데 샐리는 종종 산책
중에 더러운 오물 위를 뒹굴거나 그것을 먹었다. 하루는 하이킹을
갔다가 조디의 남색 SUV를 타고 돌아왔는데 샐리 혼자만 짐칸에
타야 했다. 다른 개 친구들과 함께 뒷좌석에 타기에는 너무 냄새

나고 온몸이 끈적였기 때문이다.

　한번은 비포장도로를 걸어서 저먼 쇼트헤어드 포인터 가족을 만나러 갔다. 이 집 마당에는 개가 밖으로 나가지 못하게 막아주는 인비저블 펜스(무형 울타리)가 설치되어 있었다. 이 장치는 개가 마당 밖으로 나가려고 하면 땅속에 심어둔 발신기를 통해 개가 나가지 못하도록 신호를 보낸다. 하지만 샐리가 강아지 출입문을 통해 집 안으로 쳐들어가는 것은 막지 못했다. 샐리는 출산한 지 얼마 안 된 엄마 포인터를 귀찮게 한 것도 모자라 다른 포인터 두 마리에게 싸움을 붙여서 주인이 억지로 떼어놓아야 했다. 그 와중에 또 샐리는 발이 물려서 응급실에 실려 갔다. 변호사인 주인이 우리를 고소해도 할 말이 없는 상황이었지만, 감사하게도 집을 아수라장으로 만들어버린 샐리를 넓은 아량으로 용서해주었다.

　샐리는 훔치기를 좋아했다. 배낭을 뒤져서 점심도시락을 훔치기도 했다. 샌드위치를 먹으려고 입으로 가져가는 순간 손에서 낚아채 가기도 했다. 어느 날 아침에는 부엌에서 철수세미를 물어오더니 거실 양탄자에 녹슨 주황색 잔해들을 잔뜩 흩뜨려놓았다. 부엌 싱크대 하부장을 열어서 그 안에 있던 쓰레기통을 뒤지기도 했다. 그러다가 재미있는 물건을 찾으면 무척 자랑스러워했다. 나는 그런 샐리를 보고 웃지 않을 수 없었다. 하워드는 샐리를 '작은 도둑' 이라고 불렀다. 하지만 샐리를 태우고 단둘이 트럭을 몰고 갈 때는 항상 브루스 스프링스틴의 'Little Girl I Want to Marry you(소녀여, 당신과 결혼하고 싶어요)'라는 노래를 불러주었다.

샐리와 테스는 같은 견종이라는 사실이 무색할 만큼 정반대였다. 테스는 운동신경이 뛰어났지만, 샐리는 눈앞에 보이는 모든 것을 넘어뜨렸다. 테스는 원반과 테니스공을 사랑했지만 다른 장난감에는 관심이 없었다. 샐리는 원반을 제외한 모든 장난감에 열광했다. 하워드를 기쁘게 해주려고 마지못해 원반을 물어오기는 했다. 테스는 우리를 사랑했지만 쓰다듬는 것은 몇 분이면 충분했다. 게다가 빗질은 아주 질색했다. 반면 샐리는 과하다 싶을 정도로 살갑게 굴었다. 모르는 사람에게도 가서 기대고, 얼굴에 코를 문지르면 뽀뽀해달라고 졸랐다. 나는 매일 밤마다 샐리의 풍성한 털을 정성스럽게 빗겨주었는데 샐리는 한 시간이 넘어도 느긋하게 즐길 정도로 빗질을 좋아했다. 그리고 사료를 바꿔주었더니 하워드가 그렇게 싫어하던 갈색털이 사라지고 윤기 나는 검은색이 되었다.

나는 다시 충만해짐을 느꼈다. 샐리는 말로 다 표현하지 못할

정도로 나를 행복하게 해주었다. 그녀의 부드러운 털, 구수한 옥
수숫가루 냄새가 나는 발, 리듬감 있는 걸음걸이, 음식에 대한 열
정을 사랑했다[저녁 때 먹으려고 미리 꺼내둔 버터는 물론이고 잠깐 전
화 받으러 간 사이에 식탁에 남겨둔 시리얼까지 남김없이 먹어치웠다]. 탐
험을 다녀올 때마다 사다 준 봉제인형을 신나게 물어뜯는 모습도
보기 좋았다. 파란 상어 인형, 빨간 코뿔소 인형, 고슴도치 인형
등 예외는 없었다. 쫑긋 선 귀마저도 사랑스러웠다. 하워드와 내
가 대학을 졸업한 지 얼마 안 되어서 더 폴리스The police라는 록그
룹이 'Every Little Thing She Does Is Magic(그녀가 하는 모든 일은 마
법이야)'이라는 노래로 히트를 쳤는데 내가 샐리에게 느끼는 감정
이 정확히 이랬다.

　우리 셋은 팔다리와 꼬리가 뒤엉킨 채로 꼭 붙어 잤다. 가끔 한
밤중에 저 멀리서 여우나 개의 울음소리가 들리면 샐리는 벌떡
일어나 큰 소리로 응답했다. 그러다가 옆에 다시 누워서 금세 코
를 골며 잠들었다. 그러면 우리는 누운 상태로 천장에 금이 간 곳
을 멍하니 바라보며 놀란 가슴을 진정시켰다. 밤중에 하워드가
잠깐 침대에서 일어나면, 샐리는 재빨리 그의 자리를 차지하고
베개에 머리를 올렸다. 하워드가 침대로 돌아오면 푸근한 미소를

지어보였다. 샐리한테는 이것이 즐거운 장난이었고, 우리한테도 그랬다.

　사람들은 종종 '인생견lifetime dog'에 관해 말한다. 작가이자 보더콜리 견주인 존 카츠가 만든 표현으로 알고 있다. 그는 인생견이란 "더없이 강렬하게, 때로는 형언할 수 없을 만큼 사랑하는 개"라고 했다. 테스는 우리의 인생견이었다.

　샐리도 그랬다.

　샐리는 테스나 크리스토퍼의 대체가 아니었다. 샐리는 테스처럼 진중하고, 열정적이며, 비상한 보더콜리가 아니었다. 또한 크리스토퍼처럼 위대한 부처도 아니었다. 몰리처럼 현명한 멘토도 아니었다. 하지만 이들을 사랑했던 것 못지않게 샐리를 사랑했다. 샐리가 우리 집에 온 순간부터 말이다.

　사랑하는 이들이 죽으면서 우리에게 남긴 선물이 바로 더 넓은 마음과 더 큰 사랑이다. 샐리를 만나기 이전에 함께했던 모든 동물 덕분에 나는 이 철없고, 엉뚱하고, 귀엽고, 자신만의 매력이 넘치는 개에게 큰 사랑을 줄 수 있었다. 그리고 이 사랑에는 몰리에 대한 사랑, 테스에게 느꼈던 사랑, 크리스토퍼를 향했던 사랑이 모두 담겨 있다.

"테스가 우리를 보고 웃겠어." 샐리가 부엌 바닥에 흩뜨려놓은 사료를 치우고, 사슴 똥 위를 굴러서 고약한 냄새가 나는 털을 씻기는 나를 보고 하워드는 그렇게 말했다. 나도 그 생각에 동의한다. 테스가 하늘에서 우리를 내려다보고 미소 짓는 모습을 상상하면 행복해진다. 그래서 샐리를 볼 때마다 고맙고 사랑스러운 테스가 생각났다. 결국 내 꿈에 나타났던 테스의 바람대로 모든 것이 이루어졌다.

몇 년이 흐른 뒤 에벌린과 오래전 샐리에 관해 나눴던 대화 기록을 다시 들춰보았다. 테스 꿈에 관한 놀라운 사실을 알게 되었다. 꿈은 처음에 위기상황으로 시작되었다. 목숨이 위태로운 강아지를 구할 수 없다는 무력감에 절망하는 상황이었다. 그 꿈을 꾸었을 때가 1월이었는데 샐리가 차가운 지하실에 갇혀서 죽어가는 새끼들을 구하려고 아등바등하던 순간도 1월이었다. 혹시 같은 날 밤이었을지도 모른다! 나는 샐리가 누구인지도 모른 채 한 마리의 보더콜리가 처해 있던 절망스러운 상황을 꿈을 매개로 간접 경험한 것일지도 모른다.

　나는 궁금했다. 테스가 샐리에게도 찾아갔을까? 샐리를 찾아가
서 미래에 만나게 될 나를 보여주지는 않았을까? 어쩌면 샐리와
나는 테스 덕분에 꿈에서 미리 만났을지도 모르는 일이다.

9장

인간과 다른 종을 이해한다는 것
_대문어 옥타비아

나는 발판을 딛고 올라서서 수조 위로 몸을 숙였다. 그리고 섭씨 8.3도의 소금물이 채워진 수조에 죽은 오징어를 넣고 열심히 이리저리 흔들었다. 오징어를 잡은 손이 점점 저려왔다. 왼손으로 바꿔서 계속 흔들다가 결국 두 손 다 움직일 수 없을 정도로 근육이 뻣뻣해졌다. 충분히 구미가 당기는 먹이일 것이라 생각하고 열심히 노력했건만, 뉴잉글랜드 수족관의 새 식구인 대문어(North) Pacific giant octopus(여기서는 문어octopus와 구분하기 위해서 '대문어'로 번역했다)는 반대편 수조 벽에 달라붙어서 꼼짝도 하지 않았다. 2,120리터 용량의 수조에 새로 이사 온 문어는 옥타비아라는 이름의 암컷이었다. 옥타비아는 내게 다가오려 하

대문어 '옥타비아'

지 않았다. 나중에 다시 시도해보기로 했다. 문어와 반드시 친구가 되고 싶었다.

그해 이른 봄, 옥타비아가 수족관에 오기 전에 이곳에 먼저 살던 문어를 만났다. 아테나라는 친구였다. 아쿠아리스트가 둔중한 수조 뚜껑을 열자, 아테나는 미끄러지듯 다가와 나를 탐색하기 시작했다. 물속에서 눈알을 이리저리 굴리며 다리 네다섯 개를 내쪽으로 뻗었다. 뼈 없이 흐느적거리는 120센티미터의 긴 다리가 흥분으로 빨갛게 물들었다. 나는 한 치의 망설임 없이 수조 속으로 팔을 쑤욱 집어넣었다. 동전 크기의 강력하고 하얀 빨판 수십, 수백 개가 피부에 달라붙었다. 문어는 온몸의 피부로 맛을 느낄 수 있지만 특히 빨판에 정교하게 미각이 집중되어 있다.

"무섭지 않았어요?" 다음 날 조디가 푸들들을 데리고 나와 샐리와 함께 산책하다가 물었다. 우리는 매일 개들을 데리고 만나서 몇 시간씩 놀고 운동도 한다. 그녀도 나처럼 동물을 엄청 좋아하지만, 흐느적거리고, 차갑고, 점액으로 미끈거리는 문어는 예외였나 보다. "징그럽지 않았어요?" 그녀가 물었다.

"만약 첫 만남부터 내 피부를 맛보려는 상대가 인간이었다면, 솔직히 경악했을 거예요." 하지만 상대는 지구에 사는 외계인이었

다. 몸의 색깔과 모양을 자유자재로 바꾸고, 18킬로그램에 달하는
몸을 오렌지보다 작은 구멍 속으로 스르륵 통과할 수 있으며, 앵
무새 부리 같은 입, 만년필 같은 먹물, 독사와 같은 독을 가졌다.
이제껏 만난 그 어떤 동물보다 사람과 가장 대조되는 거대하고,
강하고, 영리한 해양 무척추동물이 내게 관심을 보였다. 그래서
나도 그 녀석이 궁금해졌다.

아테나와 친해지려고 그 후로도 수족관을 두 번인가 더 방문했더
니 이제는 나를 알아보는 것 같았다. 시애틀 수족관에서 진행한 실
험에서도 문어가 사람을 알아본다는 것이 증명되었다. 심지어 여
러 명이 같은 옷을 입었는데도 정확히 그 사람을 집어냈으며, 물속
에서 올려다보는데도 물 밖에 있는 사람 얼굴을 정확히 알아보았
다고 한다.

아테나는 내가 머리를 쓰다듬게 허락해주었다. 일반 관람객이었
으면 상상도 못했을 일이다. 내가 만져주면 색이 하얗게 변했는데
이는 문어가 편안한 상태라는 뜻이다. 이 낯설고 매력적인 생물을
이제 막 알기 시작했는데 벌써부터 새로운 탐구주제가 떠올랐다.
같은 연체동물이지만 둔한 조개와는 달리 예민하고 영리하다고 알
려진 이 해양 동물의 마음을 연구하는 것이었다.

당시 나는 문어의 지능에 관한 잡지기사를 쓰고 있었는데 이 주제를 심화해서 책으로 내고 싶다는 생각이 들었다. 그런데 아테나와의 세 번째 만남을 앞두고 청천벽력 같은 연락을 받았다. 아테나가 죽었다는 소식이었다. 아무래도 세월의 무게를 이기지 못했던 듯하다. 야생에서 태어나서 정확한 나이는 모르지만 대략 3~5세 사이로 추정되었다. 문어의 수명을 넘어선 나이였다.

이 소식을 듣고 눈물이 흘렀다. 과학계는 우리 시대에 와서야 인간과 가장 가까운 침팬지가 사람과 같은 의식을 가졌다는 사실을 발견했다. 그러면 인간과 아주 다른 생명체는? 우주나 SF소설에서나 볼 법한 외계인 같은 존재들 말이다. 만약 내가 나의 머리와 가슴을 모두 동원하여 이 동물들의 내면을 탐구하고자 한다면, 과연 무엇을 발견할 수 있을까? 하지만 아테나가 하늘나라로 떠나버렸으니 다른 모험을 찾아나설 수밖에 없다고 단념했다.

그런데 아테나가 죽고 며칠 지나지 않아 새로운 연락을 받았다. "어린 문어 한 마리가 태평양 북서부에서 보스턴으로 오고 있는데요, 시간 될 때 한번 와서 인사해요." 아쿠아리스트인 스콧 다우드가 이메일을 보내왔다.

생각보다 일이 쉽게 풀려가고 있었다.

"나중에 다시 시도해보죠. 옥타비아가 마음을 바꿀 수도 있으니까요." 수족관 봉사자로 오랫동안 문어 돌보는 일을 했던 윌슨 메나시가 말했다. 아테나는 만나자마자 내 손을 바로 잡았는데, 옥타비아는 전혀 관심을 보이지 않았다. 사실 어느 누구에게도 관심이 없기는 했다.

"문어들도 저마다 성격이 달라요. 바닷가재도 그런걸요." 윌슨이 설명했다. 아쿠아리스트들은 자신이 돌보는 문어마다 성격이 다르다는 사실을 잘 안다. 그래서 이름을 붙일 때도 각자의 성향을 반영해서 이름을 짓는다. 시애틀 수족관에 어떤 문어는 수조 여과기 뒤에 숨어서 절대 나오지 않을 정도로 소심하다. 그래서 은둔자로 살았던 시인의 이름을 따서 에밀리 디킨슨이라고 불렀다. 결국 사람들 앞에 끝까지 모습을 드러내지 않아서 처음 에밀리를 잡았던 퓨젓사운드(미국 워싱턴주 북서부에 있는 만)에 방생해주었다. 어쩌면 옥타비아도 에밀리처럼 부끄러움을 타는 성격이라서 그랬을지도 모른다.

아니면 이런 설명도 가능하다. 보통 수족관에서는 관람용 수조의 문어가 나이가 들면 어린 문어를 미리 데려와서 비공개 수조에

넣고 점차 사람에게 익숙해지게 만든다. 이런 과정을 거친 후에
대형 관람용 수조로 옮긴다. 하지만 수족관은 갑작스러운 아테나
의 죽음으로 급하게 새로운 문어를 데려와야 했고, 대중 앞에 내
세울 만한 큰 문어가 필요했던 것이다. 옥타비아는 아테나보다 작
았지만, 머리 크기는 캔털루프 멜론만 했으며 다리 길이는 약 90
센티미터에 달했다. 딱 보아도 어린 문어는 절대 아니었다. 불과
몇 주 전까지 야생에서 살던 거의 다 자란 문어였다.

　그날 하루에만 세 번에 걸쳐 옥타비아와 교감을 시도했지만, 첫
만남에 성공할 리 만무했다. 두 번째 만남도 그리 녹록치 않겠다
는 예감이 들었다. 그날 아침에 다시 오징어를 줘봤지만 역시 아
무 소용없었다. 그때 스콧이 좋은 생각을 해냈다. 오징어를 긴 집
게에 매달아서 옥타비아의 코앞까지 가져다주는 것이었다. 스콧
의 말대로 했더니 옥타비아가 냅다 집게를 거머쥐었다. 그러고는
내 손을 움켜쥐고 잡아당기기 시작했다.

　빨개진 피부가 그녀가 지금 흥분 상태임을 알려주었다. 나 역시
흥분되었다. 옥타비아는 세 발로 있는 힘껏 내 왼팔을 휘감았고,
다른 발로 내 오른팔을 단단히 붙들었다. 나는 전혀 저항할 수 없
었다. 옥타비아는 가장 큰 빨판 하나만으로도 13.5킬로그램짜리

물건을 들 수 있었는데, 여덟 개의 다리에 각각 200개의 빨판이 달려 있었다. 문어는 자신보다 100배 무거운 상대도 충분히 끌어당길 수 있다고 한다. 스콧의 말마따나 옥타비아의 무게가 18킬로그램이라고 한다면, 1,800킬로그램을 당길 수 있는 힘으로 54.5킬로그램인 나를 상대하는 셈이었다.

하지만 나는 팔을 빼려는 시도조차 하지 않았다. 옥타비아가 다른 모든 문어처럼 다리들이 합류하는 지점에 있는 앵무새 부리 같은 입으로 나를 세게 물 수 있다는 것을 잘 알고 있었다. 문어에게 독이 있다는 사실도 알고 있었다. 문어의 독은 몇몇 종들처럼 목숨을 앗아갈 정도로 치명적이지는 않지만, 신경에 유해하며 피부를 녹인다. 문어의 독에 당한 상처는 낫는 데 수개월이 걸린다. 하지만 나는 옥타비아가 위협적으로 느껴지지 않았다. 도리어 나를 궁금해하는 것 같았다. 나도 그녀가 궁금했다.

그래도 스콧은 내가 수조에 빠질까 봐 걱정이 되었는지 옥타비아가 당기는 반대 방향으로 나를 잡아끌었다. 옥타비아가 내 손을 확 놓자 스콧이 말했다. "발목까지 잡아당겨야 하는 줄 알았어요."

나는 이 사건이 돌파구가 되길 바랐다. 적어도 옥타비아가 내게 관심을 보이기 시작했고, 그 관심이 공격적이거나 위험해 보이지 않았으니 말이다. 하지만 내가 그녀의 의도를 제대로 파악한 것일까? 문어의 의도를 파악하는 일은 개의 신호를 읽는 것과는 차원이 달랐다. 예를 들어 나는 샐리의 꼬리, 귀 등 신체의 일부만 슬쩍 보고도 그녀의 기분을 알아챘다. 물론 샐리는 나의 가족이기도 했고, 개와 문어는 여러 면에서 많이 다르다. 개는 태반이 있는 모든 포유동물과 마찬가지로 인간과 유전물질의 90퍼센트가 일치한다. 또한 개는 사람과 함께 진화했지만, 문어와 사람의 진화에는 5억 년의 격차가 있다. 문어와 사람은 땅과 바다만큼 다른 것이다. 우리가 문어처럼 사람과 완전히 다른 존재를 이해하는 게 가능한 일일까?

프랑스령 기아나에서 만난 클라라벨과 다리가 여덟 개 달린 그녀의 친족들에게 많은 것을 배웠지만 그래도 무척추동물, 그것도 해양 무척추동물과 친구가 되어본 적은 없었다. 문어와 친구가 되려는 발상 자체가 인간의 감정을 동물에게 투영하는 의인관이라고 묵살당하기 십상이었다.

사실 자신의 감정을 상대방에게 투영하기는 쉽다. 사람 사이에서는 항상 일어나는 일이다. 고심해서 고른 선물이 친구 마음에 들지 않았거나 데이트를 신청했다가 차갑게 거절당하는 일은 흔하게 벌어진다. 하지만 감정이란 인간에게만 국한된 것이 아니다. 동물의 감정을 잘못 해석하는 것보다 동물에게 감정이 아예 없다고 단정 짓는 것이 훨씬 더 악질적이다.

나는 일주일 뒤에 수족관을 다시 찾았다. 이번에는 혼자가 아니었다. 환경보호 라디오 프로그램인 〈리빙 온 어스〉의 제작자들이 내 잡지기사를 읽고 문어의 지능을 취재하기 위해 쇼 진행자, 프로듀서, 음향기사를 보냈다. 우리 중 어느 누구도 옥타비아가 어떻게 나올지 전혀 예측할 수 없었다. 옥타비아를 매일 돌보는 윌슨과 스콧, 그리고 수족관의 콜드마린 갤러리관 총괄 아쿠아리스트인 빌 머피도 마찬가지였다.

윌슨이 수조 옆면에 걸어둔 작은 양동이에서 은색 열빙어를 꺼냈다. 나는 물속을 유심히 지켜보았다. 순식간에 옥타비아가 다가와 큰 빨판으로 윌슨의 손을 움켜쥐었다. 나도 따라서 팔을 물속에 담그자 내 손도 곧바로 움켜쥐었다. 점점 더 많은 다리가 내 팔을 휘어감았다. "자, 이제 만져보세요." 빌이 쇼 진행자인 스티브 커우드에게 말했다. 빨판 하나가 그의 검지에 달라붙자 스티브가 살짝 소리를 지르더니 곧이어 감탄했다. "와! 여기를 잡았어요!"

수조에 손을 넣고 있던 네 사람[빌, 윌슨, 스티브, 나]과 수조 옆에서 우리를 지켜보던 두 사람[프로듀서, 음향기사]은 누구 하나 빠짐없이 형용할 수 없는 기분에 휩싸였다. 우리의 손을 휘감고 맛을 보는 빨판, 시시각각 색이 변하는 피부, 곡예사처럼 움직이는 눈과 다리에 완전히 압도되었다. 옥타비아가 우리의 피부를 탐색하느라 빨간 자국을 남기는 동안 우리는 그녀를 쓰다듬으며 부드럽고 미끈한 점액질을 느꼈다. 피부 표면의 돌기가 변하는 모습도 보았다. 평소에는 닭살처럼 오돌토돌한 돌기가 표피 밑에서 가시가 돋아난 것처럼 솟아올랐다. 눈 주위의 돌기는 작은 뿔처럼 변하기도 했다.

우리는 열빙어를 더 주려고 수조 옆면으로 고개를 돌렸는데 양동이가 온데간데없었다. 사람이 여섯이나 있었는데 그 많은 눈을 따돌리고 양동이를 몰래 훔쳐간 것이다. 그러나 양동이를 되찾아오려는 사람은 아무도 없었다. 옥타비아는 양동이에서 꺼낸 생선을 쥐고 이리저리 탐색했다. 그리고 양동이로 장난을 치면서 우리와도 놀아주었다. 문어는 뉴런의 5분의 3이 뇌가 아니라 다리에 분포되어 있어서 멀티태스킹이 가능하다. 각각의 다리마다 별도의 뇌가 달린 셈이다. 각각의 뇌는 자극을 갈망하고, 또 즐긴다.

나는 옥타비아의 피부 군데군데가 빨간색에서 흰색으로 변하는 것을 눈치챘다. 평안한 상태가 되었다는 신호다.

"기분이 좋은가 봐요!" 내가 윌슨에게 외쳤다.

"네, 맞아요. 정말 기분이 좋은가 봐요." 윌슨도 이렇게 말했다.

전 세계 바다에 서식하는 문어는 250종이 넘지만, 우리가 아는 종은 소수에 불과하다. 연구에 따르면 대문어 같은 종들은 대부분 혼자 지내길 좋아한다고 알려져 있다. 그래서 짝짓기도 아슬아슬한 이벤트가 된다. 자칫 한쪽이 다른 한쪽을 먹어버리는 저녁식사 자리로 변질되기도 하기 때문이다. 이런 문어가 왜 굳이 사람과 친구가 되려 할까?

내 대답은 '우리와 놀고 싶어서'다.

야생에 사는 문어는 끊임없이 바닷속을 탐험하고 다닌다. 조개 껍질을 벌려서 살을 발라먹고, 달아나는 물고기를 사냥하고, 산호 틈 사이에 숨은 게를 찾아내는 등 바다에는 온갖 재미난 먹이가 널려 있다. 문어는 먹이 말고도 발견한 물건을 수집하길 좋아한다. 어떤 종은 두 동강 난 코코넛 껍데기의 짝을 맞춰서 퀸셋 막사 (길쭉한 반원형의 간이 건물)처럼 생긴 보금자리를 만들기도 한다. 꽤 멀리 떨어져 있는 껍데기도 질질 끌고 와서 짝을 맞춘다. 큰 돌을 집으로 가져와서 입구에 벽을 쌓는 문어도 있다. 다이버들의 방수 용 카메라인 고프로를 훔치는 것으로도 유명하며, 다이버의 스노 클링 마스크나 호흡장치에 들러붙기도 한다.

　수족관에 사는 문어는 장난감을 갖고 놀길 좋아한다. 유아용 장 난감도 곧잘 갖고 노는데 특히 미스터 포테이토헤드(애니메이션 토 이스토리에 나오는 감자 캐릭터)를 붙였다 떼었다 하는 놀이와 레고를 좋아한다. 병뚜껑을 열고 직접 게살을 꺼내 먹을 수 있으며, 다 먹 고 나서 뚜껑을 다시 닫아놓기도 한다. 맛있는 게살을 먹으려는 목적도 있지만, 무엇보다 물건을 조작하는 일 자체를 즐긴다고 봐 야 한다. 창의적이고 손재주가 뛰어난 윌슨은 자신이 돌보는 많은 문어가 지루해하지 않도록 투명한 플렉시글라스 합성수지(유리처 럼 투명한 합성수지로 비행기 등의 유리창으로 사용된다)로 하나의 상자 를 열면 다른 상자들이 계속 나오는 장난감을 만들었다. 마치 러 시아 인형 마트료시카를 떠올리게 한다. 문어들은 상자 속에 든 상자를 계속 열다 보면 먹이가 나오는 이 게임을 매우 좋아했다.

나는 문어와 친구가 됨으로써
우리의 세상이 가늠할 수 없이
밝은 광명들로 환하게
타오르고 있다는 사실을
알게 되었다.

옥타비아는 나를 재미있어했다. 나랑 놀기를 좋아했던 걸 보면 알 수 있었다. 그런데 우리가 노는 방식은 야구나 인형놀이와는 조금 달랐다. 오히려 마주보고 노래하며 손뼉 치는 놀이와 비슷했다. 우리의 경우 손뼉이 아니라 빨판이었지만 말이다. 수족관 직원과 자원봉사자들도 옥타비아와 놀기를 좋아했지만 다른 할 일이 많았던 반면, 나는 언제까지고 옥타비아와 놀아줄 수 있었다. 내 손이 꽁꽁 얼거나 옥타비아가 지쳐서 나가떨어질 때까지 말이다. 문어는 파란 혈액 속에 구리 성분이 있어서 혈액의 주성분이 철분인 인간에 비해 지구력이 떨어진다.

나는 가끔 옥타비아에게 새로운 친구를 데려갔다. 한번은 내 친구인 리즈를 데려갔는데 하루에 담배를 한 갑씩 피우는 흡연자라 그런지 별로 맛있어하지 않았다. 그다음에는 아프리카에서 고릴라를 연구하는 친구를 데려갔더니 둘이 매우 즐거운 시간을 보냈다. 고등학교 졸업반 학생 한 명도 직업체험 때문에 나를 따라 수족관을 방문했다. 그런데 옥타비아가 그만 수관으로 학생의 얼굴에 소금물을 잔뜩 뿜어버렸다!

옥타비아와 만난 첫해에 시애틀에서 열린 문어 학회에 참석하느라 매주 만나던 약속을 한 주 건너뛴 적이 있었다. 그다음 주에 수족관을 다시 찾았는데 윌슨이 수조 뚜껑을 열자마자 옥타비아가 내게 쏜살같이 다가와 다리를 뻗쳤다. 나를 향해 샐리가 푸근한 미소를 지을 때와 영락없이 똑같았다. 내 두 팔을 꼭 붙들고 어찌나 열심히 빨아대던지 며칠이 지나도 빨간 자국이 사라지지 않았다. 그렇게 한 시간이 넘게 우리는 같이 있었다.

　그로부터 얼마 지나지 않아서 옥타비아가 우리와 더 이상 놀고 싶어 하지 않는다는 것을 알아챘다.

　"옥타비아가 요즘 변덕스러워졌어요." 빌이 내게 이메일을 보냈다.

　갑자기 옥타비아의 행동이 바뀌었다. 원래는 수조 위쪽 모서리에 있기를 좋아했는데 요새는 수조 바닥에 앉아 있거나 관람객이 보이는 밝은 벽면에 자주 붙어 있었다. 몸 색깔도 다채롭고 주로 빨간색일 때가 많았는데 날이 갈수록 창백해져갔다. "무엇보다 사람과 소통하는 데 관심이 없어졌어요." 빌은 이 모든 것이 나이가 들면 나타나는 징후라고 했다. 이제 수명이 얼마 남지 않은 것일까?

내가 수족관에 들어서자 옥타비아가 내게 헤엄쳐왔다. 하지만
내 손을 잡는 힘이 전보다 약했다. 소통하는 시간도 15분 만에 끝
났다. 나는 가슴이 무너지는 것 같았다. 이제 곧 치타를 연구하러
나미비아로 떠나야 하는데 내가 돌아올 때까지 옥타비아가 살아
있을까?

나미비아에 갔다 돌아오니 옥타비아가 완전히 달라져 있었다.
우리의 관계도 마찬가지였다.

그녀의 피부는 빵빵한 풍선처럼 매끄러웠다. 얼굴, 수관, 아가
미구멍은 벽면을 바라보고, 다리는 수조 벽면과 은신처 입구의 돌
벽을 감싸고 있었다. 커다란 풍선에 줄이 매달려 있듯 긴 다리 한
짝이 몸통 아래로 축 늘어져 있었다. 분홍색 피부에 갈색 핏줄이
비쳤고, 다리 사이의 얇은 막은 회색이었다.

내가 떠난 사이에 옥타비아가 알을 낳았다. 알 개수는 대략 10
만 개에 달했다. 쌀알 크기의 진주색 알 수십, 수백 개가 줄기처
럼 매달려 있었다. 각각의 알마다 검은 실이 작은 꼬리처럼 달려
있었는데 옥타비아는 솜씨 좋게도 이 실들을 엮어서 줄기를 만들

었다. 그리고 은신처 천장과 돌벽에 줄기들을 붙여놓았다. 그녀는 짝짓기를 한 게 아니라서 알들은 무정란이었다. 그러나 알들이 부화하지 않으리라는 것을 알 턱이 없었다. 그저 야생의 모든 어미 문어가 그러하듯 오로지 알들에게만 관심을 쏟았다.

보통 어미 문어는 식음을 전폐하면서 알들 곁을 한순간도 떠나지 않는다. 그래서 야생에서 알을 낳는 문어는 그대로 굶어 죽는다. 수족관에 사는 옥타비아는 다행히 우리가 먹이를 제공해줄 수 있었다. 윌슨은 긴 집게에 물고기를 달아서 은신처로 뻗었다. 그러자 옥타비아가 밀사를 보내듯 긴 다리 하나를 뻗어 물고기를 받아 갔다. 그런데 무언가 기억이라도 난 듯 두 번째, 세 번째 다리를 뻗어서 내 손을 맛보았다. 하지만 그것도 잠시뿐, 금방 내 손을 놓았다.

"이제 그녀는 더 이상 친근하게 굴지 않아요." 윌슨이 말했다. 옥타비아는 알들을 보호하는 데 집중하느라 다른 누군가의 방문을 반기지 않았다. "자신의 일을 하게 내버려둡시다." 윌슨이 수조 뚜껑을 닫으며 말했다.

나는 한동안 관람객 자리에서 옥타비아를 지켜보았다. 시야를 방해받지 않도록 수족관이 개장하기 전에 갔다.

관람객이 몰려들기 전의 수족관은 어둡고, 신비롭고, 아늑했다. 그곳에서 옥타비아를 바라보는 일은 명상과도 같았다. 모든 생각을 비워내고 그녀가 들어올 공간을 마련했다. 더 집중해서 바라보려고 일부러 조금도 움직이지 않았다. 처음에는 아무것도 보이지 않았다. 눈이 어둠에 익숙해질 무렵 뇌에 스위치가 켜진 것처럼 한꺼번에 많은 정보가 눈에 들어와서 긴가민가했다.

옥타비아의 몸이 흰 반점에 옅은 갈색 바탕 같기도 하고, 분홍색 같기도 했다. 피부는 매끄러워 보이기도 하고, 가시가 돋친 것 같기도 했다. 눈은 구리색 또는 은색이었다. 몸은 은신처 천장 아니면 벽면에 붙어 있었다. 하지만 언제나, 변함없이 알들 곁을 지켰다. 어느 날 아침에는 다리 하나를 외투막 아래에 두고 또 다른 다리로 은신처 천장을 짚었다[외투막은 문어의 머리처럼 보이지만 사실상 복부에 해당하는 부위다]. 두 다리 사이의 얇은 막이 휘장처럼 늘어져 있었다. 그렇게 25분가량을 가만히 있더니 돌연 진공청소기로 커튼을 청소하듯 나머지 두 다리로 알들을 힘차게 쓸어댔다.

평소에는 베개를 툭툭 쳐서 모양을 잡아주듯이 부드럽게 알들을 털었다. 때로는 호스에 노즐을 끼운 것처럼 수관으로 알을 향해 물을 쏘았다. 아가미구멍으로 숨을 힘껏 들이마셔서 외투막을 분홍 복주머니난처럼 부풀린 다음 단번에 바람을 내뿜는 식이었다.

옥타비아가 가는 다리 끝으로 조심스럽게 알들을 닦아주는 모습은 영락없이 아이를 어루만지는 어미의 모습이었다. 가만히 있는 순간에도 알들을 돌보았다. 옥타비아는 어느 누구도 접근하지 못하게 자신의 몸으로 알들을 덮은 자세로 대부분의 시간을 보냈다. 수조 안에는 알을 노리는 포식자가 전혀 없는데도 결코 알을 떠나지 않았다.

나는 불가능하다는 걸 알지만 옥타비아의 알들이 유정란이기를, 그래서 부화하기를 진심으로 바랐다. 이제 곧 다가올 고생의 결과로 그녀가 보상받기를 바랐다. 《샬롯의 거미줄》처럼 정성스러운 보살핌 끝에 새로운 생명들이 태어나길 바랐다. 하지만 유정란이든 아니든 상관없이 옥타비아가 보여준 헌신은 심오하고 아름다웠다. 어미가 알을 보살피고, 닦아주고, 한결같이 보호하는 모습에서 나는 생명이 품을 수 있는 최고 형태의 사랑을 목격했다.

연체동물인 옥타비아의 조상부터 나의 어머니에 이르기까지 수천, 수십억의 어머니들이 자손들에게 사랑하는 법을 알려주고, 사랑이 삶에서 가장 고귀하고 쓸모 있다는 사실을 가르친다. 오로지 사랑만이 중요하며, 상대를 의미 있게 한다. 옥타비아의 알들은 살아 있지 않더라도 사랑은 여전히 살아 있다. 몰리, 크리스토퍼, 테스는 이미 죽었지만 나는 예전과 똑같이 그들을 사랑한다. 머지않아 옥타비아도 내 곁을 떠날 것이다. 하지만 사랑은 영원히 죽지 않으며, 또 언제나 귀중하다. 나는 옥타비아가 품위를 잃지 않고 성실하게 알을 돌보는 모습에서 은혜로움을 느꼈다. 옥타비아의 죽음은 피할 수 없겠지만 적어도 나는 중요한 깨달음 속에서 그녀를 보내줄 수 있게 되었다. 옥타비아가 그리 행동할 수 있었던 원동력은, 낯설고 짧은 생의 마지막을 앞두고 오직 성숙한 암컷 문어만이 보여줄 수 있는 사랑이었으리라.

이 시기에 나는 기운이 좀 날까 싶어서 문어 알이 부화하는 영상을 자주 찾아보았다. 엄마 문어는 알들을 청소하고 보호하다가 6개월이 지나면 아기 문어들을 굴 밖으로 내보낸다. 수관으로 바람을 불어서 자신과 꼭 닮은 작은 문어들을 넓은 바다로 흘려보낸다. 아기 문어들은 플랑크톤처럼 살다가 몸이 자라서 바닥을 기어다닐 정도로 묵직해질 것이다. 엄마 문어는 자기 새끼들이 바다로 나갈 수 있도록 떠밀어주기 위해 마지막 숨까지 쥐어짜낸다. 이

영상을 촬영했던 다이버가 며칠 뒤에 다시 이곳을 찾았을 때 엄마 문어는 숨을 거둔 상태였다.

하지만 옥타비아는 알을 돌본 지 6개월이 지났는데도 여전히 팔팔했다. 7개월이 지나고, 8개월째 되던 날이었다. 옥타비아가 지극정성으로 돌보아준 보람도 없이 알줄기의 일부가 후드득 바닥에 흩어졌다. 그래도 옥타비아는 알들을 떠나지 않았다. 9개월이 지나고 10개월째가 되었다. 믿기 힘들겠지만 옥타비아는 남은 알들 옆에 망부석처럼 붙어 있었다.

어느 날 수족관에 들어서니 옥타비아의 한쪽 눈이 심하게 부어 있었다. 하지만 염증치료는 하지 않았다. 알들이 부패하듯 그녀의 몸도 서서히 무너지고 있었던 것이다. 빌은 옥타비아를 편안히 해주기 위해서 대형 수조에서 꺼내기로 했다. 위험해 보이는 돌, 조명, 시끄러운 관람객으로부터 멀리 떨어뜨려놓기 위해서였다. 하지만 그녀가 알들을 떠나려고 할까?

모두의 예상을 깨고 옥타비아는 빌의 손을 휘감고 맛을 보고는 순순히 그물 안으로 들어갔다. 옥타비아는 어둡고 조용한 비공개 수조로 옮겨졌다.

옥타비아는 지난 10개월 동안 은신처를 지키느라 우리의 얼굴을 보지 못했다. 덩달아 나도 그 긴 시간 동안 그녀를 만지지도, 같이 놀지도 못했다. 옥타비아가 비공개 수조로 옮겨진 이후 나는 마지막으로 한 번이라도 그녀를 만나고 싶었다.

월슨과 나는 잠겨 있던 수조의 뚜껑을 열고 물속을 들여다보았다. 혹시 먹고 싶어 할지 몰라서 오징어도 챙겨왔다. 옥타비아는 위쪽으로 올라와 오징어를 낚아챘다. 하지만 곧이어 바닥에 떨어뜨렸다. 수조 위로 올라온 것은 배고픔 때문이 아니었다.

옥타비아는 늙었다. 그리고 아팠다. 쇠약해진 몸은 죽음을 코앞에 두고 있었다. 그녀는 10개월 동안 우리 중 어느 누구와도 만나지 않았다. 문어의 수명을 감안하면 거의 20년간 아무도 만나지 못한 셈이다. 하지만 우리를 기억하고 마지막 인사를 하러 온 것이다.

옥타비아는 우리와 눈을 마주치고 부드럽지만 단단하게 우리의 피부에 빨판을 휘감았다. 그대로 5분간 우리의 피부를 맛보고는 수조 바닥으로 서서히 가라앉았다.

옥타비아는 결국 알들이 무정란이라는 것을 깨달았을까? 마지막 날들 동안 평안했을까? 내가 그녀를 얼마나 아꼈는지 알까? 그런 내 마음이 그녀에게 중요했을까?

나는 답을 알고 싶었지만 아직까지도 모른다. 하지만 이제 옥타비아 덕분에 이보다 더 귀중하고 심오한 사실을 안다. 아마 2,600년 전에 살았던 그리스 철학자 탈레스가 이를 가장 잘 표현해준 것 같다. "우주는 살아 있고, 그 안에 불이 있으며, 신들로 가득하다." 옥타비아에게 나와의 우정이 어떤 의미였는지 모르겠지만, 나는 문어와 친구가 됨으로써 우리의 세상이, 그리고 그 안팎의 세계가 가늠할 수 없이 밝은 광명들로 환하게 타오르고 있으며, 상상을 초월할 정도로 활기차고 신성하다는 것을 알게 되었다.

10장

배울 준비가 되면 스승은 저절로 나타난다
_보더콜리 서버

릭 심프슨은 발신자번호 표시를 보고 전화를 건 사람이 나임을 알았을 것이다. 하지만 나는 그의 아내이자 내 친구인 조디가 전화를 받을 거라고 생각했지, 그가 직접 받을 줄은 몰랐다.

"릭?" 그의 이름을 부르자마자 울음이 터져나왔다.

"사이, 괜찮아요? 어디 다친 거 아니에요? 혹시 하워드가 다쳤나요? 내가 지금 거기로 갈까요?" 나는 도저히 대답할 수가 없었다. 나중에는 과호흡까지 와서 정말 당혹스러웠다. 울 생각은 전혀 없었다. 더구나 릭의 귀에 대고 이렇게 주체할 수 없이 울 줄은 몰랐다.

보더콜리 '서버'

조디가 전화를 받았다면[당연히 그녀가 받을 줄 알았다] 이러지는 않
았을 거다. 우리가 매일같이 펄, 메이, 샐리를 데리고 산책한 세월
이 벌써 9년이다. 그녀는 나의 힘든 상황을 바로 알아채고 도와주
려 했을 것이다.

나는 겨우 진정하고 릭에게 내 상황을 털어놓았다. 다친 사람은
아무도 없었고, 위험한 상황도 전혀 아니었다. 하지만 나는 아무
준비가 안 되어 있는데 삶이 자꾸 거꾸로 뒤집히는 기분이었다.

첫 번째 징후는 눈이 내리는 아름다운 오후에 시작되었다.

샐리와 나는 조디, 펄, 메이와 함께 크로스컨트리 스키를 타러
나갔다. 샐리는 산책 중에 우리가 가던 길을 벗어날 때가 많았다.
보통 똥을 발견하고 그 위를 뒹굴거나 죽은 시체를 먹기 위해서였
다. 하지만 내가 부르면 항상 내 쪽을 향해 귀를 쫑긋 세웠고, 하
던 일을 멈추고 중요한 일인가 고심한 끝에 언제나 내게로 돌아왔
다. 그러나 눈이 내리던 그날, 가시덤불을 들이받아서 하루 종일
빽빽한 털에서 가시를 골라내야 했던 그날 이후 샐리는 아무리 불
러도 고개를 돌리지 않게 되었다.

청각을 잃은 것이다.

하워드와 나는 가능한 모든 해결책을 찾으려 애썼다. 우리는 일단 진동목걸이를 샀다. 샐리가 목걸이의 진동을 느끼고 우리를 쳐다보면 상으로 간식을 주었다. 친구들과 평소대로 산책도 꾸준히 나갔다. 다만 샐리가 자동차 오는 소리를 듣지 못할 것을 우려해 찻길 근처로는 가지 않았다. 샐리가 청각을 잃어서 좋은 점은 딱 한 가지뿐이었다. 더는 한밤중에 멀리 있는 여우와 대화할 수 없어져 나와 하워드가 통잠을 잘 수 있게 된 것이다. 샐리가 우리와 함께 산 지 9년밖에 되지 않았는데 혹시 우리 생각보다 샐리의 나이가 더 많았던 것은 아닐까?

나는 걱정이 되었다. 이제 곧 브라질의 네그루강으로 탐험을 떠나야 했다. 검은 강을 뜻하는 네그루강은 흰 강인 솔리몽에스강과 합류하여 아마존강을 이룬다. 이번 탐험에는 뉴잉글랜드 수족관에서 내게 처음으로 문어를 소개해준 스콧 다우드도 함께 갈 예정이었다. 이번 탐험의 목적은 수족관의 물고기들이 어디서 오는지, 형형색색의 작은 물고기들이 열대우림을 보호하는 데 어떻게 도움이 되는지에 관한 어린이 책을 준비하기 위해서였다. 하지만 나는 샐리를 떠나기가 싫었다. 탐험지에 가면 몇 주간 전화와 인터

넷을 쓸 수 없기 때문이다. 샐리의 건강이 위태롭다 싶으면 즉시
탐험을 취소하고 책 작업을 1년 뒤로 미루려고 했다.

탐험을 떠나기 일주일 전에 수의사를 찾아갔다. 그 주 초에 샐
리가 빙판에서 미끄러졌는지 다리를 조금 절었기 때문이었다. 수
의사는 샐리의 상태가 괜찮다고 나를 안심시켰다. 다행히 마음 놓
고 탐험을 떠날 수 있게 되었다.

브라질에서 돌아오는 길에 하워드에게 전화를 걸었다. 마이애
미에서도, 보스턴에서도 전화를 걸었지만 계속 받지 않았다. 결국
집에 도착해서 들어가니 가장 두려워했던 일이 눈앞에 벌어졌다.
샐리가 일어나지 못하고 계단 밑에 누워 있었다. 내가 없는 사이
에 말초 전정계 질환에 걸려 쓰러졌던 것이다.

샐리는 테스가 그랬던 것처럼 다시 회복했다. 우리는 집 안에서
걷는 연습을 했다. 그리고 2주 만에 동네 거리를 왔다 갔다 할 수
있게 되었다. 한 달이 지나자 푸들 친구들과 다시 산책할 수 있게
되었다. 물론 거리도 짧아지고 평평한 길로 다녀야 했지만 말이
다. 조디, 펄, 메이는 참을성 있게 우리를 배려해주었다. 푸들 친

구들이 느리고 불안정하게 걷는 샐리를 돌봐주는 것 같았다. 그들은 앞서 가다가도 멈춰서 샐리가 오기를 기다려주었다. 테스가 내게 그랬던 것처럼 말이다.

샐리는 여전히 삶을 즐기고, 음식을 몰래 훔쳐 먹고, 숲속 산책을 좋아하고, 푸근한 미소로 우리를 행복하게 해주었다. 하지만 단시간에 늙어버린 것 같았다. 혹시 관절염이 아닐까 싶어서 엑스레이도 찍어보고, 글루코사민도 먹었다. 크리스토퍼도 이 영양제를 먹고 효과를 보았었다. 하지만 수의사는 원인이 다른 데 있을 거라고 추측했다. 그의 생각대로 샐리는 뇌종양이었다.

우리는 샐리를 도울 수 있는 모든 방안을 강구했다. 메인주에 있는 수의신경학과 의사도 찾아갔지만, 치료가 별 도움이 되지 않을 거라는 답변만 돌아왔다. 우리는 제발 종양이 느리게 자라게 해달라고 기도했지만 그마저도 이루어지지 않았다.

하워드와 조디 둘 다 없는 동안, 샐리는 걷지도, 서지도, 먹지도 못하게 되었다. 나는 샐리의 곁을 떠나지 않았다. 나와 살을 맞대고 있는 동안만큼은 편안해 보였기 때문이다. 내가 곁에 없으면 불안해했다. 나는 샐리를 안고 밖에 나가서 따스한 봄 햇살을 쬐었다. 내 친구들이 우리 집에 와서 하워드가 올 때까지 함께 있어주었다. 척도 집까지 왕진을 와주었다. 감염의 우려가 있다며 항생제 주사를 놓아주고는 이번에 회복되면 몇 개월은 더 행복하게 살 수 있을 거라고 했다. 하지만 다음 날이 되자 우리가 무엇을 해야 할지 명확해졌다. 샐리가 양털 이불을 깔고 누워 있는 침실로 수의사가 들어왔다. 샐리는 내 품에 안겨서 영원히 눈을 감았다.

친구들은 내게 전화를 걸고 직접 찾아와서 기운을 북돋아주려고 했다. 조디가 여행에서 돌아오자 우리는 푸들들을 데리고 여름 나무가 우거진 숲을 산책했다. 내가 쓴 문어 책은 발간되자마자 베스트셀러에 올랐다. 하지만 책의 성공도, 친구들의 친절도, 뉴햄프셔의 아름다운 숲도 더 이상 즐겁지 않았다. 나는 어느 것에서도 기쁨을 느낄 수 없었다. 또다시 우울증에 빠져드는 걸 느꼈다. 이번에는 탈출구가 되어줄 이국적인 탐험도 없었다. 20년 만에 처음으로 다음 탐험까지 12개월의 공백이 있었던 것이다.

그러던 어느 날 아침, 샐리를 함께 보내주었던 수의사에게 전화가 왔다. 샐리가 죽고 한 달째 되던 날이었다.

"방금 데이브 케너드 집에 새로 태어난 강아지들을 보고 오는 길이에요."

"귀여웠겠네요." 내가 대답했다.

데이브는 우리 옆 동네에 사는 이웃인데 재능이 많은 순종 보더 콜리를 키우고 있었다. 데이브네 개들은 북동부 지역 전역을 돌아 다니면서 양치기쇼를 할 정도로 유명하다. 그래서 강아지를 낳으 면 농장에 수천 달러에 팔려서 전문적인 양치기개로 양육된다. 데 이브는 절대 강아지를 반려견으로 보내지 않는다. 평범한 가정에 입양되면 지루함을 견디지 못하리라는 것을 잘 알기 때문이다. 그 래서 테스가 꿈에서 샐리를 보여주었을 때도 데이브에게 연락하 지 않았던 것이다. 또 다른 이유는 이 세상에는 집도 없고 사랑받 지도 못하는 유기견이 너무도 많기 때문이다. 그래서 우리가 보더 콜리처럼 에너지 넘치는 견종에게 적합한 환경을 제공할 수 있는 몇 안 되는 가정집임에도 불구하고 처음부터 전문 브리더에게 보 더콜리를 입양할 생각을 하지 않았던 것이다. 여기에 대한 내 생 각은 여전히 변함없다.

그런데 수의사는 왜 내게 전화한 것일까?

"맞아요, 다들 귀여워요. 엄청 건강하고요. 그런데 남자아이 하 나가… 한쪽 눈이 안 보인대요."

양치기개에게 좋은 시력은 중요한 요건이다. 양, 돼지, 소 등 양
치기개가 몰아야 하는 가축들은 대부분 개보다 몸집이 크다. 그래
서 모든 가축의 위치를 제대로 파악하지 못하면, 갑자기 튀어나온
동물과 충돌해서 크게 다치거나 심하면 목숨까지 잃을 수 있다.
양치기개는 눈을 다른 방식으로도 사용하는데 강하게 노려보는
것만으로도 가축을 움직이게 한다. 이 기술을 '강렬한 눈빛The strong
eye'이라고도 하며 이를 위해서는 반드시 두 눈이 모두 필요하다.
그러니 아무리 영리하고 건강에 아무 이상이 없다 하더라도 눈에
문제가 있다면 수천 달러를 지불하고 이 강아지를 데려갈 양치기
는 없는 것이다.

전화를 끊었는데도 가슴이 두근거렸다. 나는 조디에게 전화해서
릭을 바꿔달라고 부탁했다.

하워드와 나는 점심을 먹으면서 우리가 왜 아직 강아지를 새로
입양하면 안 되는지에 관한 이유를 생각해보았다. 일단 시기가 너
무 일렀다. 우리는 샐리를 잃은 슬픔에 지칠 대로 지친 상태였다.
그냥 내년 봄쯤 동물보호센터에 가서 여자아이를 입양하는 것이

서버는 우리에게 넘치는 축복을 가져다주었다.
우리의 슬픈 영혼을 치유해주었고, 테스와 샐리가
그랬듯 우리가 다시 펜을 들게 해주었다.
그리고 내가 좋은 생명체로 살아가려면
아직도 배울 것이 많이 남았다는 사실을
깨닫게 해주었다.

더 나을지도 몰랐다. 테스처럼 콧등에 흰 줄무늬가 있는 전형적인
흑백색 보더콜리로 말이다. 이왕이면 테스처럼 몸집이 작은 개였
으면 했다. 18킬로그램이나 나가는 늙은 샐리를 안고 한밤중에 계
단을 오르내리는 게 고되기는 했다.

어쨌든 우리는 강아지를 한번 보러가기로 했다. 정말 보기만 할
생각이었다.

우리는 강아지에게 서버라는 이름을 붙여주었다. 만화가이자 수
필가인 제임스 서버의 이름을 딴 것인데 그 역시 한쪽 눈이 보이
지 않았다. 남동생과 빌헬름 텔 놀이를 하다가 화살에 한쪽 눈을
맞는 바람에 실명했던 것이다. 서버는 우리가 아는 생명체 중에서
가장 열정적이고, 사교적이고, 행복한 존재였다. 우리 집에 발을
들인 순간부터 그랬다.

서버는 바라보는 것만으로 사람들을 미소 짓게 했다. 지그재그
모양의 흰 번개무늬가 머리에서 시작해 시력이 멀쩡한 왼쪽 눈을
지나 검은 코 옆으로 빠졌다. 털은 검은색, 흰색, 갈색 세 가지 색
이었는데 잘생긴 갈색 눈썹에 양말을 신은 듯한 갈색 털이 왼쪽

앞다리부터 흰색 발까지 이어졌다. 꼬리는 서 있어도 땅에 닿을 정도로 매우 길었다. 품에 안으면 한손에 쏙 들어오던 강아지 시절에도 꼬리 길이가 35.5센티미터나 되었다. 꼬리는 웬만해서는 아래로 처지는 경우가 드물었다. 쫑긋 선 귀와 함께 꼬리도 항상 높이 쳐들려 있었다. 숲에서 산책할 때도 우리 앞을 껑충껑충 내달리며 흰 꼬리 끝을 깃발처럼 경쾌하게 흔들었다. 하워드는 그런 서버를 로켓이라고 불렀다. 하지만 서버는 앞서가다가도 항상 뒤돌아서 우리가 올 때까지 기다려주었다. 우리가 부르면 어김없이 달려오거나 그 자리에서 기다렸다. 서버는 항상 무언가 좋은 일이 생길 것이라고 믿었다. 실제로도 그랬다.

　서버에게는 거의 모든 순간이 즐거웠다. 실내에서는 장난감 갖고 놀기를 좋아했다. 물면 삑 소리가 나는 고슴도치 인형과 상어 인형을 비롯해 양, 뱀, 문어, 코끼리, 용, 오리, 하마, 게 등 봉제 인형까지 가리지 않고 갖고 놀았다. 특히 테스가 갖고 놀던 빨간 공도 좋아했다. 인형을 잡아당기면 물고 늘어지는 놀이도 자주 했다. 서버가 인형을 물고 오면 우리는 거절할 수 없었다. 하지만 우리가 바쁠 때는 혼자서도 잘 놀았다. 장난감을 살아 있는 대상처럼 몰거나 공격했다. 공 여러 개를 굴리고서 쫓아가는 게임도 했다. 한꺼번에 세 개까지도 몰았다. 숲에서 산책을 할 때는 주변 사람에게 보란 듯이 쓰러진 묘목을 끌고 다녔다. 2미터가 넘는 거대한 나무를 가져온 적도 있었다. 기분이 너무 좋을 때는 노래를 했다. 아침에 라디오에서 현악기나 트럼펫 연주가 나올 때면 늑대처럼 길게 울부짖었다. 차를 타고 나갈 때면 서버가 좋아하는 시디를 틀어놓고 나도 함께 노래를 불렀다. 서버는 브루스 스프링스틴의 노래와 인디 팝 그룹인 어 그레이트 빅 월드가 부른 'Say Something (무슨 말이라도 해봐요)'을 특히 좋아했다. 요즘 우리가 즐겨 부르는 노래는 'Gracias a la Vida(삶에 감사해요)'인데 나는 가사를 바꿔서 부른다. "삶에 감사해요. 내게 이 개를 보내주셔서. 그는 최고의 개예요. 세상에서 최고랍니다."

모두가 서버를 사랑했고, 서버도 그들을 사랑했다. 서버는 개 친구도, 인간 친구도 셀 수 없이 많았다. 나의 친구들 그레첸, 리즈, 조디와도 금세 친해졌다. 평일 오후에는 거의 매일 푸들 친구 펄, 메이와 산책을 했다. 평일 아침과 주말에는 다른 개 친구들과 어울렸다. 운동신경이 뛰어난 목축견 바질, 물을 사랑하는 흑색 래브라도 섀도 그리고 우리 집 근처에 사는 아름다운 골든 레트리버 어거스트 등이 있었다. 신기하게도 서버와 동갑인 어거스트는 태어날 때부터 한쪽 눈이 안 보였다고 한다.

우리는 서버의 한쪽 눈이 보이지 않는다는 사실을 곧잘 잊었다. 그만큼 서버는 못하는 게 없었다. 하워드가 강아지용 공을 멀리 던지면 쏜살같이 달려갔다. 녀석은 빠르고, 민첩하고, 영리하고, 순종적이고, 상상력이 풍부했다. 우리 눈에는 더없이 완벽하고 온전했다.

가끔 한쪽 눈이 멀었다는 사실을 깨닫는 순간도 있었다. 그럴 때면 서버가 시력이 좋은 눈 하나와 축복받은 눈 하나를 가졌다는 생각을 했다. 축복받은 눈 덕분에 우리가 이렇게 만나게 되었으니 말이다.

서버의 한쪽 눈이 먼 것은 유전적인 이유인데 이것 또한 내게 기적이 아닐 수 없다. 절망밖에 남지 않은 미래에서 나를 구해준 수많은 요인 중에 하나인 것이다[우리의 고마운 수의사도 여기에 포함된다]. 몰리가 죽은 이래로 나는 계속 강아지를 키우는 순간을 고대했다. 내가 직접 강아지를 키움으로써 나를 키워준 첫 번째 멘토에게 은혜를 갚고 싶었기 때문이다. 하지만 알다시피 보더콜리 보호센터에서 강아지를 찾아내기란 하늘의 별 따기만큼 어렵다. 게다가 유명한 데이브네 강아지가 우리 집에 오게 될 가능성은 또 얼마나 낮았는가? 처음에는 시기도 부적절해 보였다. 그런데 오히려 타이밍은 완벽했다. 직장생활 30년 만에 처음으로 급한 마감도 없고 수개월간 탐험을 떠날 예정도 없는 시기에 서버가 우리 집에 왔으니 말이다. 덕분에 나는 그해 여름부터 가을까지 강아지를 키우는 일에만 전념할 수 있었다. 나는 어린 강아지에게 보살핌, 신뢰, 안정을 아낌없이 줄 수 있었다. 안타깝게도 테스와 샐리가 우리를 만나기 전까지 결코 접할 수 없었던 것들을 말이다.

서버는 우리가 기대했던 것과는 완전히 달랐다. 우리가 원했던 조건에도 맞지 않았다. 서버가 나타났을 때 우리는 그보다 몇 달 혹은 몇 년 후에 개를 입양하려고 했었다. 그리고 유기견 보호 센터에서 굵고 빽빽한 흑백색 털의 작은 암컷을 데려올 생각이었다. 그런데 서버는 짧은 삼색 털에 수컷이었다. 게다가 우리가 키운 개 중에서 가장 크고 무거웠다[이 글을 쓸 당시 서버는 두 살도 채 되지 않았었다]. 서버는 보더콜리라는 점 말고는 테스, 샐리와는 영 딴판이었다. 테스와 샐리는 새로운 개와의 만남을 딱히 즐기지 않았다. 하지만 서버는 만나는 개마다 온몸으로 반가움을 표현했다. 또 아침마다 갈색 다리를 뻗어 흰 발끝으로 우리를 쿡쿡 찔러대며 깨웠다. 테스와 샐리는 한 번도 이런 행동을 한 적이 없었다. 서버의 엄마를 몇 번 보러 갔었는데 서버와 똑같은 행동을 하는 모습을 확인할 수 있었다. 서버는 테스와 샐리처럼 우리 사무실 앞에 앉아 있기를 좋아하지 않았다. 대신 좋아하는 자리가 따로 있었다. 주로 내 사무실과 부엌 사이에 놓인 흔들의자에 앉아 있거나 하워드의 사무실로 올라가는 계단 중간에 앉아서 난간 기둥 사이로 코와 앞다리를 내밀고 있었다.

　서버는 언제 누구와 있든 항상 행복해했다. 이것이 가장 큰 차이점이었다. 서버와 떨어지고 싶지 않은 마음을 꾹 참고 어쩔 수 없이 며칠간 집을 떠나야 할 때 누구의 집에 맡겨도 서버는 즐겁게 잘 지냈다. 최근에도 우리 옆집에 살던 자매 중 한 명의 결혼식에 참석하기 위해 주말 동안 서버를 다른 집에 맡기고 애리조나에 다녀왔다. 반면 테스와 샐리는 그렇지 않았다. 테스는 항시 에벌린에게 맡겨야 했고, 샐리는 단 몇 시간도 우리와 떨어져 있지 못했다. 둘 다 행복한 삶을 보냈지만, 어릴 때 거부와 학대를 당했던 경험 때문에 분리불안 증세가 있었다.

　서버는 우리에게 넘치는 축복을 가져다주었다. 우리의 슬픈 영혼을 치유해주었고, 테스와 샐리가 그랬듯 우리가 다시 펜을 들게 해주었다.

　나는 '들어가는 말'에서 '배울 준비가 되면 스승은 저절로 나타난다'는 말이 있다고 했다. 이번 경우에 우리는 배울 준비가 되어 있지 않았는데도 스승이 나타났다. 서버를 만났을 때 내 나이가 만 58세였는데 그 녀석을 보자마자 내가 좋은 인간이 되려면 아직도 배울 것이 많이 남았다는 사실을 깨달았다. 서버가 내게 가르쳐준 수많은 진리 중 가장 기억에 남는 교훈은 이것이다.

　'삶이 아무리 절망스러워 보여도 앞으로 무슨 일이 일어날지는 아무도 모른다. 머지않아 아주 멋진 일이 벌어질 수도 있지 않겠는가?'

감사의 말

이 책을 쓰게 된 계기는 뉴햄프셔 주 핸콕의 우리 집 거실 소파에서 친구와 이야기를 나누면서 만들어졌다. 어느 겨울날 베스트셀러 작가이자 보스턴 공영 뉴스 채널의 동물보호 기자인 비키 크로크가 나를 찾아왔다. 그렇지 않아도 오랫동안 만나지 못해서 보고 싶었는데, 그가 바쁜 와중에도 먼 길을 달려와주어서 정말 반가웠다. 프로듀서이자 파트너인 크리스텐 고겐도 함께였다.

우리는 보더콜리인 샐리와 함께 뉴햄프셔 숲을 걸었다. 혹시 눈 위에 다람쥐, 사슴, 야생 칠면조의 흔적이 있지 않을까 살펴보기도 했다. 우리 암탉들도 쓰다듬고 볏에 입맞춤도 해주었다. 그러고 나서 본래 방문 목적인 인터뷰를 하려고 자리를 잡고 앉으니 이 작업이 오히려 부수적인 것처럼 느껴졌다.

실내로 돌아온 우리는 카메라 앞에서 호랑이, 타란툴라, 테이퍼(맥이라고도 하며, 코가 뾰족한 멧돼지나 코끼리처럼 생긴 포유류 기제목) 등 이제껏 내가 만나서 배움을 얻고 책까지 쓰게 만든 모든 동물에 관해 이야기했다. 인터뷰가 거의 끝나갈 무렵 비키가 내게 물었다.

"동물에게 박물학적 지식 말고도 인생의 교훈을 배웠다고 생각하나요?"

동물이 내게 준 인생의 교훈이라? 난생처음 받는 질문이었지만 조금의 망설임도 없이 대답할 수 있었다.

"좋은 생명체로 살아가는 법이요."

비키는 내 인터뷰를 인터넷에 올렸다. 그로부터 몇 달이 지났을 때였다. 호튼 미플린 하코트 출판사 부사장 겸 부발행인인 메리 윌콕스가 우연히 내 인터뷰를 보고 편집장인 케이트 오설리번에게도 보여준 것이다. 케이트와는 이미 몇 번 작업한 적이 있었다. 케이트가 내 마지막 답변이 그녀의 가슴을 울렸다고 말했다. 나는 그때 이렇게 말했다.

"다음에 쓸 책이야말로 바로 좋은 생명체로 살아가는 법이에요."

그렇게 해서 탄생한 책이 바로 여러분 손에 쥐어져 있는 책이다.

이 책에서 말했듯 동물들은 내게 좋은 생명체로 살아가는 법을 알려주었지만, 사람들에게도 큰 빚을 졌다. 비키를 비롯하여 케이트, 메리 그리고 이 책에 등장하는 모든 이에게 고마움을 전하고 싶다.

무엇보다 우리 부모님에게 감사드린다. 의견 충돌도 많았지만 항상 부모님을 사랑했다. 부모님도 나름의 방식으로 나를 사랑했던 것을 잘 안다. 내게 부모님은 어느 누구와도 바꿀 수 없는 존재다. 부모님이 없었다면 나는 지금과는 다른 모습으로 자랐을 것이며, 지금처럼 단단한 사람이 되지 못했을 것이다.

나와 함께 이 책에 묘사한 삶을 살아준 이들에게 감사드린다. 대부분이 책에 등장하지만, 아직 언급되지 않은 이들의 이름을 적어본다. 펄 유수프, 앤 윌리키, 캐럴린 베이로, 셀린다 치콴느, 게리 갈브리드, 조엘 글릭에게 고마움을 전하며, 몰리의 기억을 떠올려준 그레첸 보겔과 팻 위크스에게는 특별한 고마움을 전한다. 내 원고를 읽고 조언을 해준 많은 이, 특히 제리 프라이스와 콜레트 프라이스, 주디 옥스너, 에이미 쿤체, 롭 메츠, 고마워요!

내 책을 읽지 못한 안나 매길 도한에게도 고마움을 전한다. 그녀의 총명함, 호기심, 독특한 유머는 세상을 바라보는 나의 시선을 환히 밝혀주었다.

나의 문학 에이전트인 사라 제인 프레이만, 인상적이고 감성적인 일러스트를 그려준 레베카 그린, 책을 아름답게 디자인해준 카라 르웰린에게 감사의 말을 전한다.

나의 남편 하워드 맨스필드는 내게 가장 소중한 사람이며, 내가 아는 한 가장 훌륭한 작가다. 작가라는 직업상 규칙적인 일상과 고요함이 필요했음에도 불구하고 진득하게 우리 집의 모든 동물을 보살펴주었고, 내가 해외 탐험 일정으로 장기간 집을 비운 사이에 동물들에게 닥친 수많은 비상사태에 능숙하게 대처해주었다. 테스와 크리스토퍼를 입양할 수 있었던 것도 모두 하워드 덕분이다. 처음에 우여곡절이 있었지만 결국 샐리, 서버 그리고 우리 삶의 축복과도 같은 동물가족들을 받아들여준 하워드에게 무한한 감사를 전한다.

마지막으로 감사의 말을 전하고 싶은 동물들이 있다. 나의 첫 잉꼬 제리, 우리 페럿들[사스콰치, 스쿠터, 바스코 다 가마, 디 에이지 오브 리즌과 그녀의 딸인 인라이트먼트, 미스터 로버츠, 네브래스카], 고양이

미카, 왕관앵무인 코코펠리 등 이 책에는 등장하지 않지만 그들은 내 인생을 더욱 풍성하게 해주었으며, 내 글 곳곳에 그들의 사랑이 살아 숨 쉰다.

좋은 생명체로 산다는 것은

초판 1쇄 발행 │ 2019년 9월 9일
초판 2쇄 발행 │ 2020년 1월 23일

지은이 │ 사이 몽고메리
그린이 │ 레베카 그린
옮긴이 │ 이보미

발행인 │ 김기중
주간 │ 신선영
편집 │ 양희우, 고은희, 박소현, 정진숙
마케팅 │ 김태윤, 김은비
경영지원 │ 홍운선
펴낸곳 │ 도서출판 더숲
주소 │ 서울시 마포구 동교로 150, 7층 (우)04030
전화 │ 02-3141-8301~2
팩스 │ 02-3141-8303
이메일 │ info@theforestbook.co.kr
페이스북·인스타그램 │ @ theforestbook
출판신고 │ 2009년 3월 30일 제2009-000062호

ISBN │ 979-11-86900-98-7 (03490)

이 도서의 국립중앙도서관 출판예정도서목록(CIP)은 서지정보유통지원시스템 홈페이지(http://seoji.nl.go.kr)와
국가자료종합목록시스템(http://www.nl.go.kr/kolisnet)에서 이용하실 수 있습니다.
(CIP제어번호 : CIP2019033000)

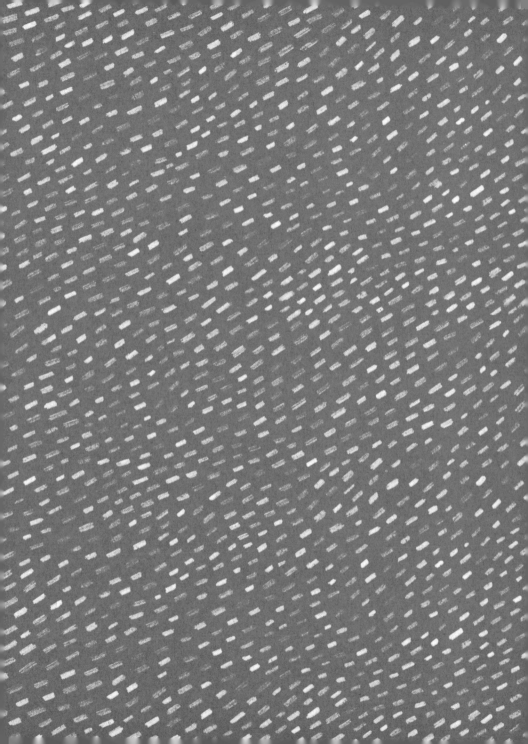

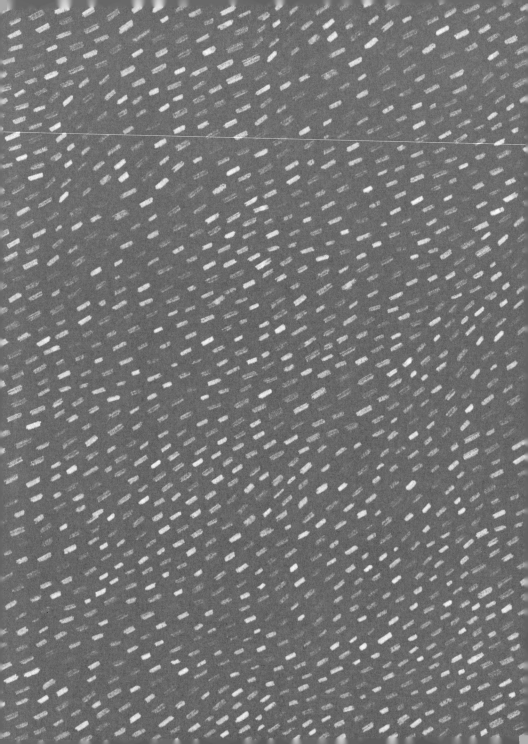